鸟类骨骼标本制作与鉴定指南

The Bird Building Book: A Manual for Preparing Bird Skeletons with A Bone Identification Guide

〔美〕李·波斯特（Lee Post） 著
王春雪 于 昕 刘海琳 译

科 学 出 版 社
北 京

图字：01-2021-5346号

内 容 简 介

本书译自 Lee Post 著的《鸟类骨骼标本制作与鉴定指南》2012 年英文版，主要涵盖两部分内容：一是大型鸟类骨骼标本的制作流程，二是鸟类骨骼种属鉴定相关资料。书中含有大量的骨骼图稿，包含很多标签和细节，是一本鸟类骨骼研究的基础参考书籍。

本书适于从事生物考古学、动物考古学、生物学、骨骼解剖学等方向的研究人员，以及对鸟类骨骼和标本制作感兴趣者参考阅读。

图书在版编目（CIP）数据

鸟类骨骼标本制作与鉴定指南 /〔美〕李·波斯特（Lee Post）著；王春雪，于昕，刘海琳译．—北京：科学出版社，2023.3

书名原文：The Bird Building Book: A Manual for Preparing Bird Skeletons with A Bone Identification Guide

ISBN 978-7-03-075219-2

Ⅰ. ①鸟… Ⅱ. ①李… ②王… ③于… ④刘… Ⅲ. ①鸟类－骨骼－标本制作－指南②鸟类－骨骼－鉴定－指南 Ⅳ. ① Q959.7-34

中国国家版本馆CIP数据核字（2023）第048870号

责任编辑：王琳玮 / 责任校对：邹慧卿

责任印制：赵 博 / 封面设计：陈 敬

科 学 出 版 社 出版

北京东黄城根北街 16 号

邮政编码：100717

http://www.sciencep.com

北京厚诚则铭印刷科技有限公司印刷

科学出版社发行 各地新华书店经销

*

2023年 3 月第 一 版 开本：787×1092 1/16

2024年11月第三次印刷 印张：6 3/4

字数：120 000

定价：98.00 元

（如有印装质量问题，我社负责调换）

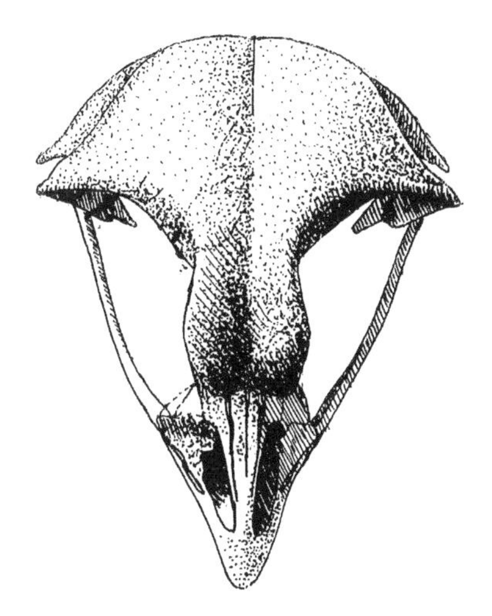

献给 Alan Boraas

Alan是考古学家，负责在阿拉斯加比目鱼湾的**49-SEL-010**号遗址进行发掘，在那里我第一次对鸟类骨骼产生了兴趣。发掘之后，**Alan**教授了一门大学实践课程，在课程中，我致力于识别和量化收集的骨骼。**Alan**对他周围的世界，尤其是过去技术的无尽好奇和兴趣，一直激励着我，直到今天。

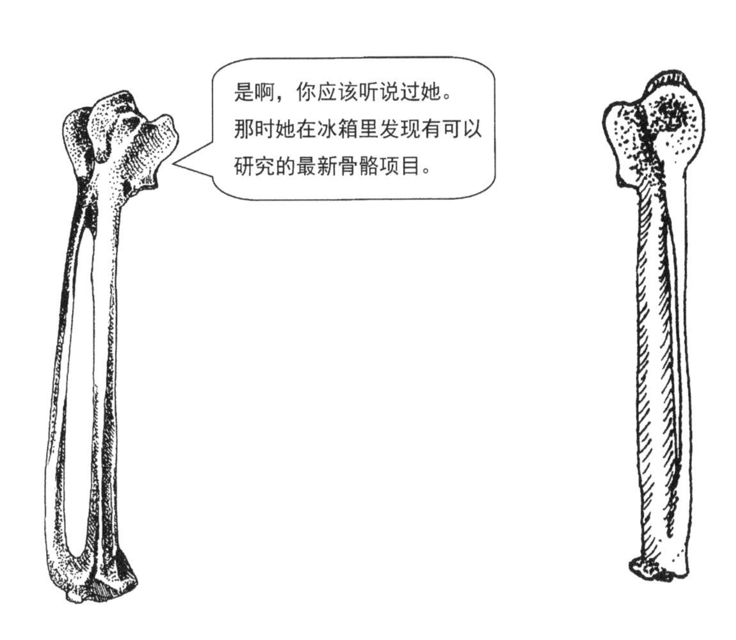

序

作为一名在东海岸度过成长时期的阿拉斯加小孩，没有什么比参观当地大型自然历史博物馆更让我喜欢的事了。我永远不能满足于漫步在回廊的迷宫之中，以及欣赏各种立体模型和展品。我最喜欢的是那些和骨骼有关的东西，无论是完整的恐龙骨骼还是单独的人类骨骼。我是个自然历史学爱好者。我童年时期的爱好是收藏——虫子、蝴蝶、石头、贝壳和化石，但最珍贵的是我设法弄到的几块头骨和动物骨骼。

长大后，我和家人回到了阿拉斯加。我的大部分藏品都被搁置了，同时我也在思考我的余生应该做什么。为了避免做出任何明确的决定，我成为一名自行车修理工，并且搬到了阿拉斯加的霍默小镇居住。我入乡随俗，建了一座小屋，结了婚并且有了个孩子（不一定是这个顺序），并尽我所能来谋生。我的生活由修理自行车和在当地书店工作构成。霍默有一个很棒的小型自然历史博物馆（普拉特自然历史博物馆），里面有一个鼓舞人心的馆长和一群志愿者。我在那度过了许多空闲时间，最终被邀请来帮助组装工作人员收集的17英尺*长的喙鲸骨骼。我想得到一本关于鲸鱼骨骼组装的书，尽管我是一个书商，但是我却不能找到一本与此有关的书。我跟其他自然历史博物馆联系，并且发现，展览上的大多数骨骼都是由一百多年前早已去世的人组装连接的，并且没有留下任何有关这项工作的文字资料。所以普拉特自然历史博物馆的工作人员和我改造了齿轮，弄清楚了如何连接骨骼。

在组装喙鲸骨骼后的十五年里，我为普拉特自然历史博物馆清理骨头和关节骨（在我的业余时间），建立起他们的骨骼学收藏。这最终推动博物馆与高校开展了为期两年的合作项目，在这个项目中我指导学生们记录并组装了一具41英尺长的抹香鲸骨架，现在在他们的学校里展出。在此期间，学生们还清理和连接了许多其他骨骼作为比较解剖项目。很快，全国各地的学校

---

* 1英尺＝0.3048米

和机构开始联系普拉特自然历史博物馆，以获取开展类似项目的信息。

目前仍然没有关于骨骼组装的书，所以我开始整理手写稿，复印、装订，最终形成了这套“骨骼结构书”系列。这些都是分步骤的手册，适合那些渴望做好手工科学研究并且希望得到高质量组装骨骼的老师和学生。老师和学生们对这些基本项目的迷恋程度超过了学校里的其他任何项目。学生们会在放学后留下来做这些项目，他们在学习比较解剖学、骨骼学、脊椎动物进化、实验室技术、科学演示，以及在这个过程中的派生知识。最终，学生们将获得比考试成绩更重要的东西，那就是一种成就感和对学习的渴望（也完成了一副骨架的展示）。您的项目也同样有回报吗？如果您有任何意见或问题，欢迎您发邮件给我。

〔美〕李·波斯特（Lee Post）

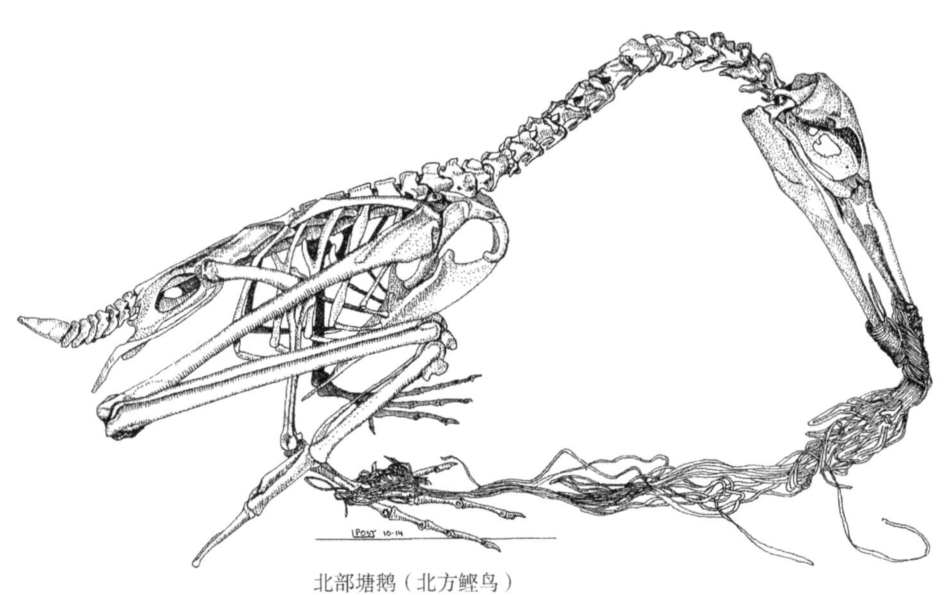

北部塘鹅（北方鲣鸟）
由挪威的 Grethe Hillersoy 组装
(插图由李·波斯特提供)

目　　录

清洗材料清单

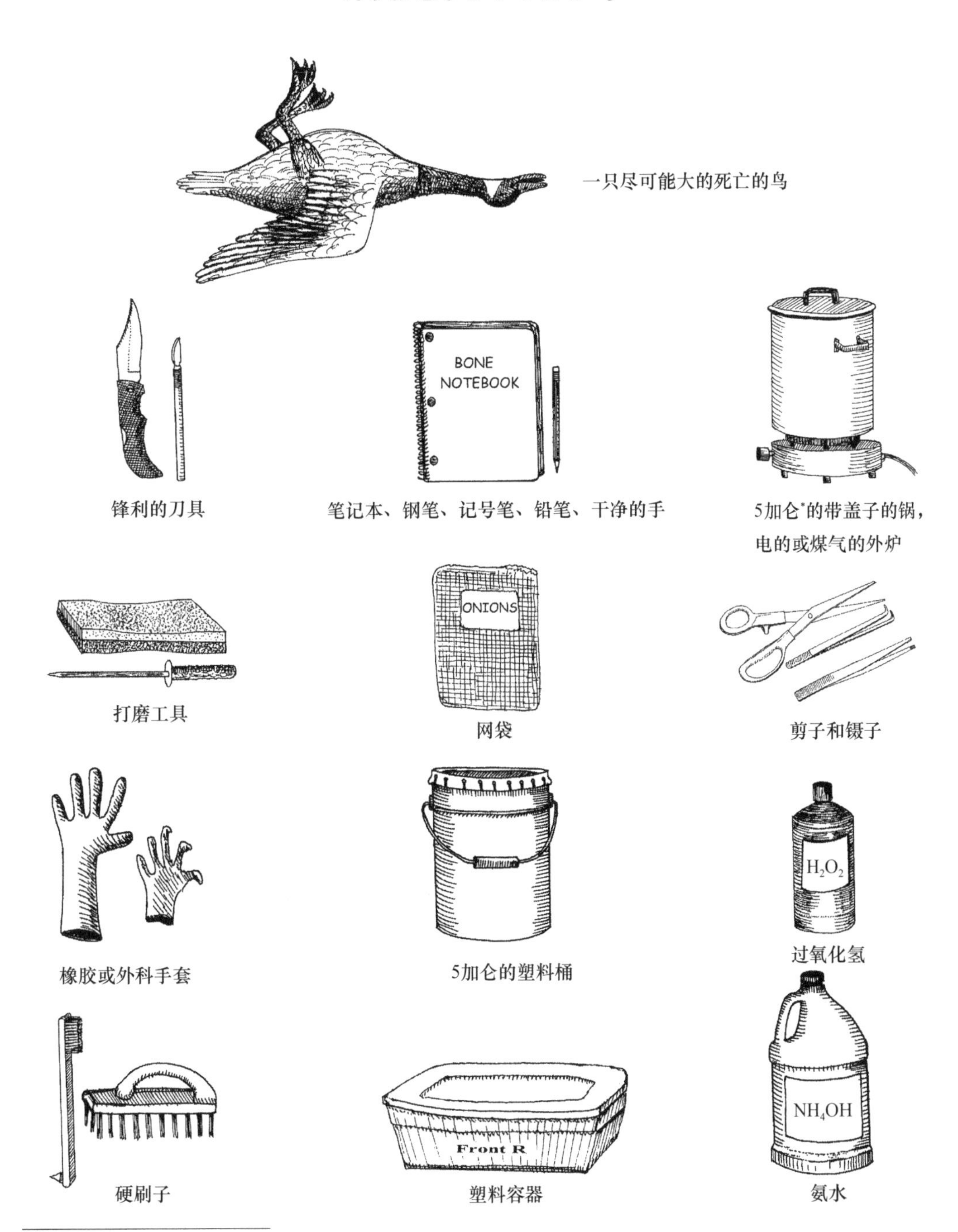

* 1加仑＝3.7854升

骨骼在哪里?

警告

不要在家里尝试这个（图示为鹰）。

使用家养或野生的鸟。目前对鹰的限制非常严格，即使是博物馆也很难获得标本。这本书中使用的鹰是在20世纪80年代早期获得的，当时的限制还没有那么严格。讽刺的是，从1917年到1952年同样的物种在阿拉斯加被悬赏2美元。超过125000只鹰被用于获取赏金，所以形势发生了变化。

在这些羽毛下面藏着的骨架出奇得小，骨骼如图所示。

有人指出，或许这本手册的顺序完全颠倒了。我在书的最后给出了词汇表，包括结束时的部位名称和开始时的装配步骤。对于那些从鸟身上收集了很多骨头的人来说，这本手册从50页开始为骨骼鉴定指南，包含了这些骨头是什么及它们的解剖学部位。

给 它 剥 皮

根据剥皮和提取骨骼的经验来看，取出鸟类的骨骼会破坏皮肤。因此，没有必要做一个仔细的、完整的剥皮工作。翅膀可以在第一个关节①处被完全移除。腿可以在较低的关节②处切断。剩下的部分应该在③、④、⑤处切皮。然后切除内脏和像胸部及大腿这样的大块肌肉。

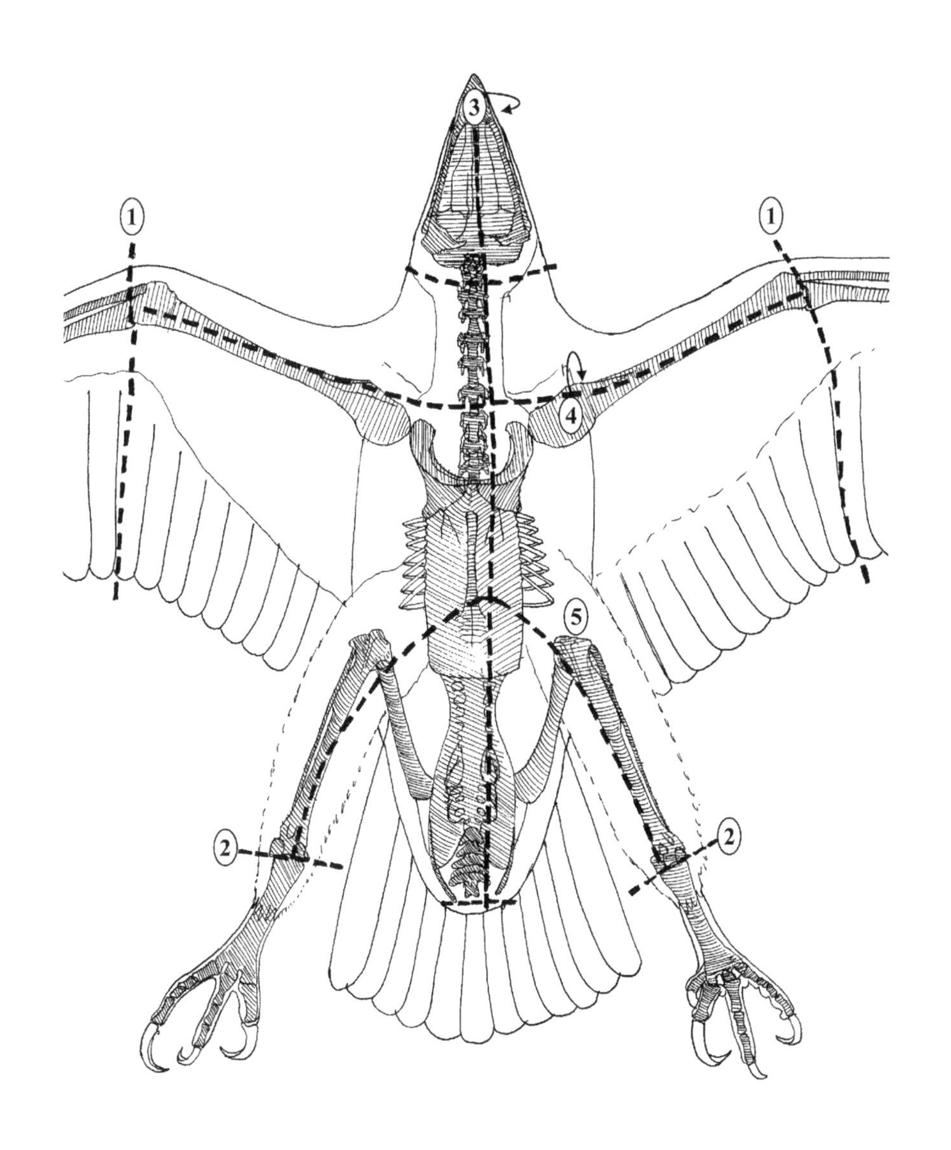

翅膀及处理方法

最简单的方法就是用一把结实的剪刀把它们剪掉，除非你想保住翅膀的羽毛。其中一些羽毛直接与骨骼相连，如果能将这些羽毛包含在完整的骨骼中，那将是非常有趣的。如果这是你的目标，你可能需要仔细解剖和拔羽毛。如果你要保存它们，那就不要煮羽毛。

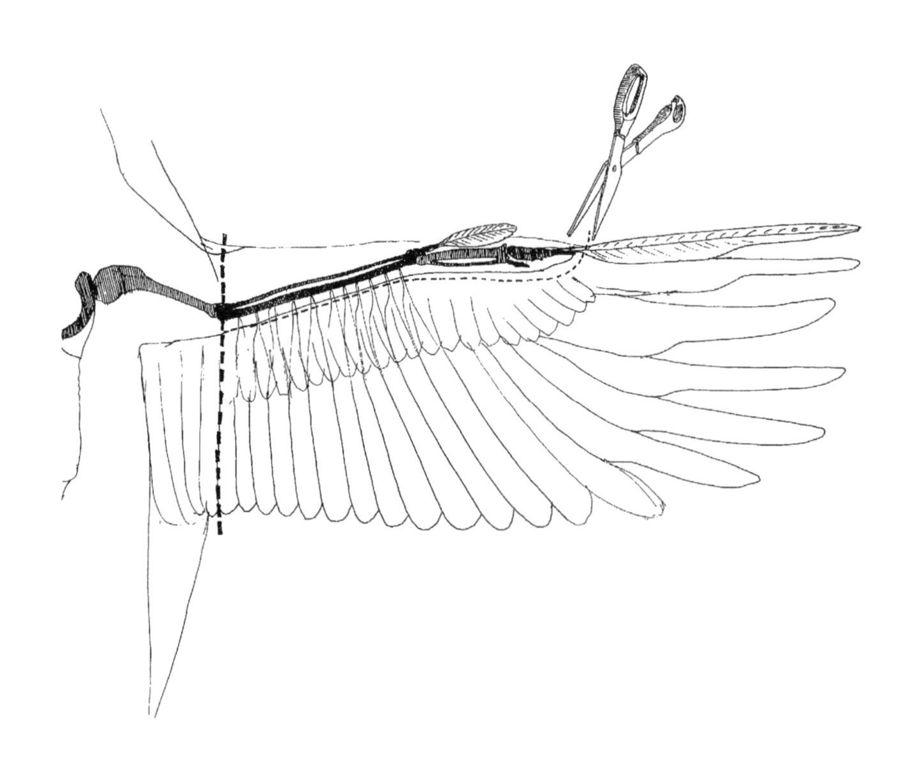

Wouter的浸渍方法

许多专家用虫子（皮蠹幼虫）分解骨头周围部分干燥的肉，或者使用温水浸渍。浸渍是一种利用微生物在温水中分解骨头上的肉的有效方法。这两种方法对于制作完好的骨骼来说都是非常有效的，特别是对于那些有较小或特别脆弱骨骼的鸟类。这两种方法所用的时间都比煮沸要长，而且浸渍的气味几乎能让蛆虫作呕。因此，它不是课堂上受欢迎的方法。下面是我的荷兰鸟类骨骼研究导师Wouter所描述的浸渍方法，分享给那些想要获得完整骨骼的人。

浸渍是一种利用细菌清洗骨骼的技术：这是一个自然腐烂的过程。因为温度通常不超过37℃（或者大约99°F）时骨头不会受损。当骨头又长又细或者还没有完全长成愈合的时候，烹煮可能导致骨头，特别是富含角蛋白的喙和爪变形或碎裂。通过浸渍，颅骨或椎骨中较脆弱部分将得到很好的保存，最后再清除骨骼中的残留组织。缺点是气味很难闻，所以不能在室内做，除非有一个通风柜，还有充足的时间。整个过程需要5—14天。你还需要一个水加热装置或保温箱来保持37℃的温度，也可以在没有额外加热的情况下浸渍骨骼（冷水浸泡），但这需要更长的时间；具体视外界温度而定，有甚者可达数月之久。

在浸渍之前，大部分肉应该被去除。剥皮后，剔除鸟的胸肌以及翅膀、腿部、背部、尾部的肉，取出内脏。同时，注意不要破坏肋骨、头骨、翼尖或尾骨，这些部分是最脆弱的。最容易的剔肉方式是，在工作进行之初先将尸体放在一起，并在切开它们的时候尽量按照肌肉的排列方式进行。身体被分成几部分：左腿加翅膀、右腿加翅膀、身体和头部。把这些部分铺在一块尼龙、透明窗帘、纱布或其他小网眼织物上，用一根细绳（尼龙质地，不是天然材料）捆扎起来，这样就不会有小骨头掉出来。这会使骨骼从左到右分开，并且可以将多块骨骼的部分清理在一起，而不会弄混。

捆扎好的骨骼放入装满普通自来水的塑料桶中，不需加入任何添加剂。桶内装有加热装置，使温度保持在35—40℃（95—104°F），在水桶周围包一些隔热材料效果会更好。整个桶也可以放在恒温37℃的培养箱中，盖子不要盖太紧，否则一旦气体无法排出，浸渍过程就可能会终止。2—4天后，将骨骼取出，除去喙鞘和爪。通常喙鞘和爪很容易脱落，但可能需要用针小心地把它们弄松。保存喙鞘和爪的最好方法是用浓度9%的福尔马林溶液浸泡。这将使它们变得柔软，褪色更慢，还可以消毒去除异味。如果没有福尔马林，那就在把喙鞘和爪安装回去之前将它们弄干。如果所有的角蛋白都已被保存下来，那么将骨架冲洗干净后，放入含酶洗衣粉水中。这有助于清洁，去除油脂，减少异味。洗衣粉会破坏角蛋白部分，所以一开始不要添加。

5—14天后，除了骨头，所有的组织都会溶解，留下一个干净、关节完全脱落的骨骼。只有肩关节和翼骨的最后一点软骨可能需要用手术刀刮掉。用干净的水彻底冲洗骨头，然后放在吸水纸上晾干。骨头可能会有臭味，但通常在去除油脂和漂白后就没有了。

有时，在所有的组织都消失之前，水浴中的清洗过程就已经停止了，要不然骨头上就会残留很多黏稠的东西。将温度调至70℃（约158°F），并在水中加入一些洗衣粉，经过一整晚就可以消除这种情况。含脂肪非常多的骨头可能在这一过程中碎裂。如果水浴不能保持在70℃，那就让水炖煨两个小时，剩下的组织就可以被刮掉，或者把骨骼放回37℃的水浴中继续浸泡。通常，在浸泡过程的最后，骨头上会留下一种白色的蜡状物质。这是尸蜡（浓缩的油脂）。可以用牙刷尽可能地刷掉，但这非常困难，因为油脂是黏性的东西。然而，当它在白电油或丙酮中脱脂后，尸蜡就会变得干燥和易碎，然后就可以被轻松刷掉。有时，水浴中的骨头会因为某些细菌的存在而变黑。这没什么好担心的，在过氧化氢中去除油脂和漂白后，骨头应该会像正常一样变白。

沃特·范·赫特尔（Wouter Van Gestel）有一个关于鸟类骨骼的网站：http://www.skullsite.com/，他目前在荷兰瓦赫宁根大学从事鸟类骨骼的研究，也是实验动物研究室的负责人。

煮 鸟 骨

煮鸟骨头是大多数学者在教学时经常使用的方法，因为他们没有太多的时间，也不愿意去忍受从骨头中浸渍出来的气味。这通常是在室外进行的，与之前流行的说法相反，不是所有的东西闻起来或吃起来都像鸡肉。

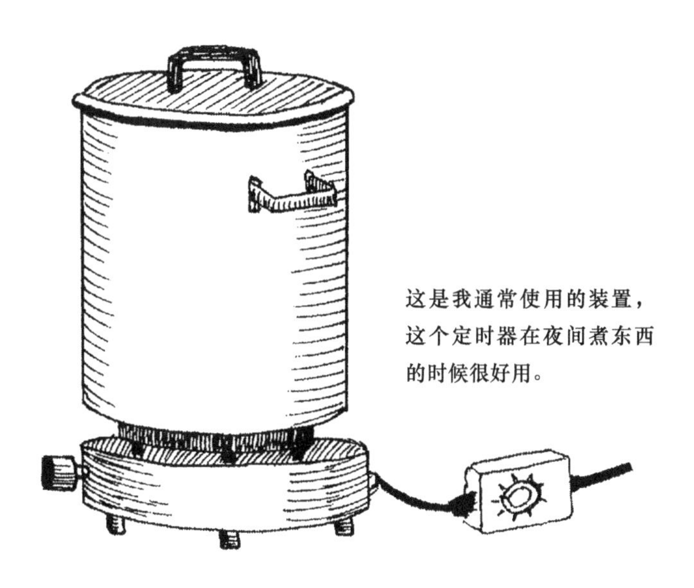

这是我通常使用的装置，这个定时器在夜间煮东西的时候很好用。

先把鸟的皮剥掉、肉切掉、内脏取出，然后放入一锅水里煮熟。当骨头很容易分开，肉开始脱落时就完成了。如果煮得不够熟，结缔组织就会完整地附着在骨头上。如果煮过头，头骨可能会碎掉，其他骨头可能会软化。与成年的鸟类相比，幼年时期的鸟类更是如此。烹煮时间为3—24小时。有些鸟在被煮熟后骨骼似乎变得越来越坚硬，其他的则会立刻发生形变，变得柔软。煮的时候，需要每两个小时检查一次。当下颌骨容易拔下时，要尽快拔出。在椎骨很容易分开的时候，鸟其余部分的煮制过程即为完成。当肉开始脱落，下颌很容易脱落时，我就把头骨拔出来。剩下的部分可以继续煮至沸腾，直到韧带和软骨软化为止。

头　骨

清理头骨需要花费一两个小时。每只眼睛周围都有一圈松散交错的骨头，或许你想要保存它们。舌头和喉咙有一组易碎的舌骨，还有一些骨头也很容易破碎，大部分的清洁工作是用镊子和针一次一点地去除软组织。喙鞘可能脱落，如果有的话，把它们取下来，清洗干净，再穿回去。反复搅动枕骨大孔，然后在流水下冲洗，从而移除大脑。牙签是很好的清洁工具，头骨的各个部分非常复杂——所以你要慢慢来，一不小心骨头就会掉进下水道里——这种事情经常发生。

剩下的部分

当剩下的骨头煮到很容易分开的程度后，开始移除并清理这些骨头。脚骨会很容易从煮熟的皮中滑出。将脊椎骨、肋骨分开。在水流下用刷子清理每一块骨头上的软组织。

漂白和抛光

脱　　脂

脱脂是通过在溶剂中浸泡骨头来完成的。因为大多数溶剂存放问题，最实用的溶剂是氨。不是商店里卖的那些柠檬香味肥皂水类的东西，而是工业中清澈、有刺激性气味的清洁用品。氨气很浓，你只要闻一下就会晕倒，可以用等量的水稀释成50%的溶液。骨头应该在有盖的塑料容器中浸泡三到五天，然后用清水冲洗骨头，氨溶液可以被稀释后倒进下水道。在某些情况下，可能需要多次浸泡才能去除所有的油脂。

漂　　白

骨头漂白后，它们看起来更白、更亮、更干净。唯一可以使用的漂白剂是过氧化氢。家用漂白剂亦可以漂白，但对骨骼有破坏性，通常会使骨骼看起来像白垩质一样。过氧化氢含量为3%的溶液（药店里可以买到）漂白效果很好，骨头应该在塑料容器中用这种溶液浸泡三到五天。有一种比药店购买的瓶装过氧化氢更便宜的选择，就是从化学供应公司购买更高浓度的过氧化氢。目前可以买到浓度在30%—50%的溶液。然后将其稀释至3%来最大限度利用，或者直接使用浓度为10%的溶液。溶液浓度为10%时，骨骼只需浸泡一天就能充分漂白。把骨头从过氧化氢溶液中拿出后，用清水冲洗干净，然后晾干。过氧化氢溶液可以倒入下水道，也可以用水稀释后处理，比较环保。有些人在花园里使用氨和过氧化物作为植物肥料，效果很好。

警告——用塑料容器而不是金属容器来浸泡骨头。不要将骨头浸泡在有密封盖子的容器中，可能会产生气体并且很有可能发生爆炸，破坏容器。

警告——浓度为30%—50%的过氧化氢溶液是强氧化剂，与皮肤接触会灼伤皮肤，皮肤会发白。如果弄洒又不及时清理的话，它会破坏桌子台面。如果它溅到眼睛里，后果不堪设想，所以使用时要小心。在混合和使用高浓度过氧化氢时要戴上护目镜，即使加入少量的金属，也会产生危险的化学反应。

注意——当骨头从过氧化氢中取出并干燥后，它们会像蛋壳一样干净。如果几天后开始出现油斑，那么将需要进一步去除骨骼的油脂。在去油之后，它们需要再次在过氧化氢中浸泡一天。不断重复这个过程，直到骨头变得干燥无油。骨头中残留油脂会出现散发难闻的气味、胶水粘不上等问题，污渍和灰尘聚集的地方看起来好像发霉了。现在花费更多的时间给骨骼除油，要比以后后悔没有去做好得多。

注意——我曾经以为过氧化氢溶液不会破坏骨骼。我尝试在较长一段时间里试验更强的解决方案（几周内试验浓度为15%—30%的溶液），结果证明我错了。长时间使用强效溶液会溶解脆弱的骨骼。浓度为3%甚至10%的溶液会在对骨骼造成任何损伤之前就失去效力。

氧 化 法

这是一种能够获取小型鸟类韧带骨骼的方法，并且这种方法没有令人讨厌的臭味或传染性细菌。它仅需进行最少的手部清洁，其毒性仅比家用氨水高。当它发挥作用时，会有很好的效果；当它失效时，那就失败了，时机决定一切。

这种处理得很好的鸟类骨骼是小型鸟类（例如小猫头鹰或一只翠鸟）。我没有在更大的鸟类个体上试验过，在制作小型鸟类标本时我也失败过。

一般情况下，将鸟除去皮毛、内脏和肌肉，放入盛有浓度为50%的家用氨水溶液容器中，浸泡2周。然后冲洗干净，放入一个装有浓度约17%过氧化氢溶液的容器中再浸泡2周。它会变白且膨胀——就像面团宝宝[①]（Pillsbury Doughboy™）。

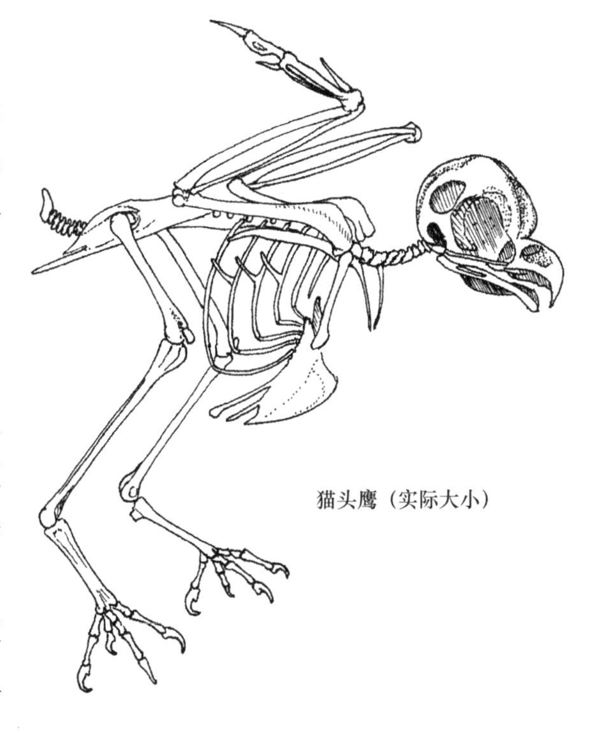

猫头鹰（实际大小）

两周结束后，过氧化氢溶液已经失效了，并且对骨头也没有什么作用了。然后将鸟骨放入新鲜的浓度为17% H_2O_2（过氧化氢）溶液中。化学反应发生得很快，所以每12小时左右检查一次。

一旦巩膜骨环看起来开始变松，就要把头骨拿出来。这种现象

① Pillsbury Doughboy™ 是皮尔斯伯里公司在许多商业广告和烘焙产品中使用的角色。它是一个白色、蓝眼睛、矮胖、面团状的生物，头戴白色围巾、白色厨师帽，帽子中间有一个小小的皮尔斯伯里标志。

会在骨骼放进新鲜的H_2O_2溶液中的第一两天出现。一旦肉变得透明并且像果冻一样，其他部分就要拿出来。然后用小的解剖刀或表皮剪刀将组织切除。

将一根金属丝推进鸟的脊柱，从颈部到骶骨，留下一些金属丝伸出来供以后连接颅骨。

脚和脖子似乎需要最长的时间，翅膀要早一点拿出来并摆好姿势晾干。

从本质上来说，当身体的某些部分看起来越来越干净或者有透明的果冻状组织且容易脱落时，这些部分可以被拉起来，再多清洗一点，直到变干。

目标是防止小骨头和肋骨分开或脱落，这些部分可以在完全干燥后粘在一起。

束带翠鸟骨架连接——氧化法

雷切尔·鲁尼

雷切尔·鲁尼（Rachel Rooney）是阿拉斯加霍默的一名出色的大学生，这是她作为一个独立项目完成的一篇关于骨架的文章。这是在她家里的厨房台面上用过氧化氢和氨氧化骨骼完成的，这只鸟（因撞到窗户而死）是一个标本，被放入了阿拉斯加霍默的普拉特自然历史博物馆。除胸腔状况不佳外，其余部分的骨骼很好。

处理时间：24小时

浸泡时间：34天

1. 小心地切下尽可能多的羽毛、肌肉组织，但不要切骨头。用剪刀来处理表皮，因为它们小、弯曲、足够锋利，可以切穿肌肉，并且很容易在骨头周围操作。鸟被放在一个24盎司*、装有50%家用氨水的容器中，浸泡14天。

2. 将鸟放在冷的自来水下轻轻冲洗——不要太用力，也不要用热水或温水。将鸟放回装有浓度为17%过氧化氢的容器中浸泡10天，溶液会产生气泡，所以如果你不想破坏盖子，就在盖子上戳几个洞让氧气逸出。我在上面盖了一个盖子，以防漂浮的鸟从溶液中露出来。为了确保容器稳定，把它放在一个更大的容器或浴盆里，浸泡容器下面的纸巾会吸收气泡，防止其滑

---

*　1盎司＝0.02957升

落。最后，把它们放在一个不会被撞倒的地方。

3. 10天后，将鸟从溶液中取出，去除头部、腿部、翅膀、巩膜骨环和舌骨。花费一些时间剔除肉，然后把所有的骨头放在涂有蜡的纸盘上。骨头可能会粘在一起，所以需要抬起骨头让它们松动，尤其是那些有余肉的骨头。为了保持颈部骨骼的位置并且重新定位，我把粗细为0.58毫米，切割成大约15厘米长的钢丝插入椎骨。将钢丝牢牢地推入胸骨，但不要太用力。之后将钢丝粘好，留出一小段钢丝用于固定颅骨。身体和脚（附在腿上）仍然需要在过氧化氢溶液中浸泡更长的时间，所以它们要被放回至一批新的过氧化氢溶液中再浸泡10天。

4. 这只鸟的身体变得浮肿，肉上有清晰的斑点，所以我把它拿出来，用角质层剪刀和解剖探针去肉。整个身体太脆弱了，不能放回溶液中，并且也没有残留太多的肉。将所有的东西都放在纸盘上晾干（需要多次松动，以防止粘住）。将翅膀和腿放在一小块纸板上，用解剖针（缝纫针甚至牙签都可以）沿着两边钉住，在它们的固定位置晾干。记住，这个做法是为了保留关节附近的组织附着，这样以后就不会有太多的黏合。不要过度清洗或过度浸泡鸟。

5. 6天后，鸟身上的肉慢慢消失了，我小心翼翼地用剪刀和探针剪下并刮掉组织。这只鸟的脚非常坚硬。我把它们的腿挂在酸乳酪容器的边缘，刚好够让脚浸没在过氧化氢溶液中。用了20天左右才把腿上的肉剔除下来。在第10天，我不得不用剪刀去剪，小心翼翼地剪去脚底的肉。腿骨完全露出来，由韧带固定在一起，这就是你想获得的样子。当我看到骨头时，我就让它的脚变干燥，但一些肉仍然附着在脚上。我把它的脚仔细地固定在适当的位置，因为当它们变干时，脚趾会倾向向上弯曲。

6. 我小心翼翼地在所有的骨头（除了巩膜骨环和舌骨）上使用了德雷梅尔伸缩棒附件（Dremel Flexi-wand attachment）以及401刀头。在较低的位置操作，这样不会切割到骨头，但足以切割下坚硬的组织或韧带。请务必小心——有些韧带和组织会将关节连接在一起。

7. 最后，在其他人的帮助下用强力胶把所有的骨头粘好。不幸的是，由于鸟的撞窗事故，肋骨突然脱落。所以在理想情况下，你不需要处理将肋骨粘在一起的问题，但这将取决于鸟（或你正在研究的任何动物）的损伤程度。如果你要想办法挽救它们，你只需要把翅膀、腿、头、巩膜骨环和舌骨粘在一起。

位置和可能性

重新组装前的第一步是确定骨骼成品的摆放位置。根据物种的不同，从站立到飞行、游泳到潜水、翱翔到着陆可能有许多选择。我经常从一只鸟呈即将活动的状态开始，然后计划组装标本。

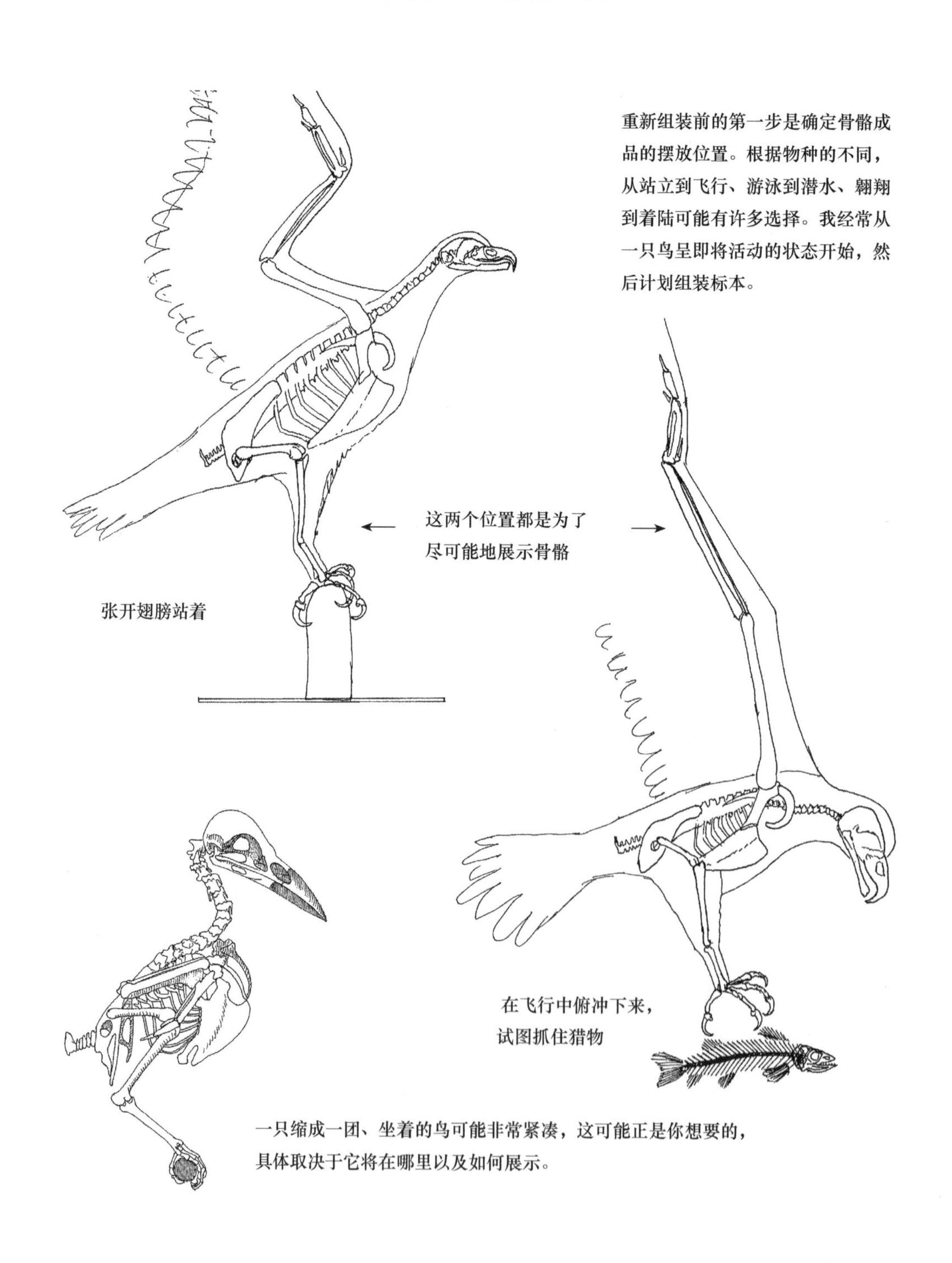

一只缩成一团、坐着的鸟可能非常紧凑，这可能正是你想要的，具体取决于它将在哪里以及如何展示。

组装材料清单

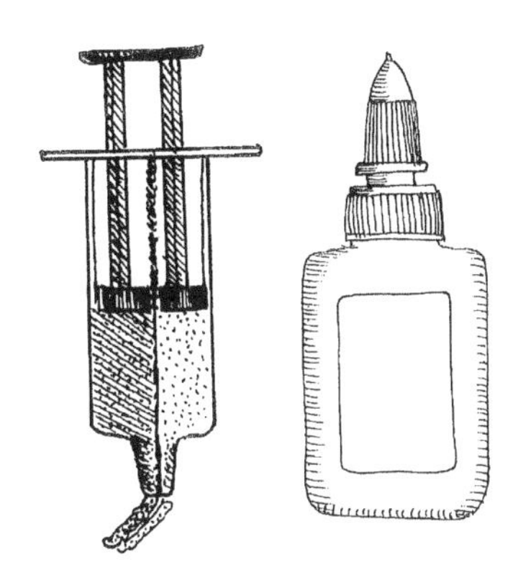

5分钟环氧凝胶1管或白乳胶

金属线

镀锌钢丝14—16号

重铝或钢约1/8英寸*

直径约9号

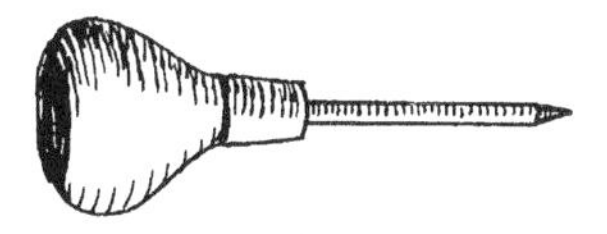

锥子

钻头1/16—1/4

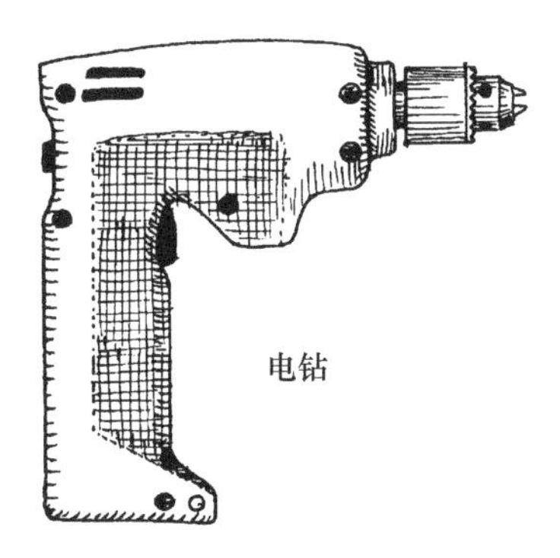

电钻

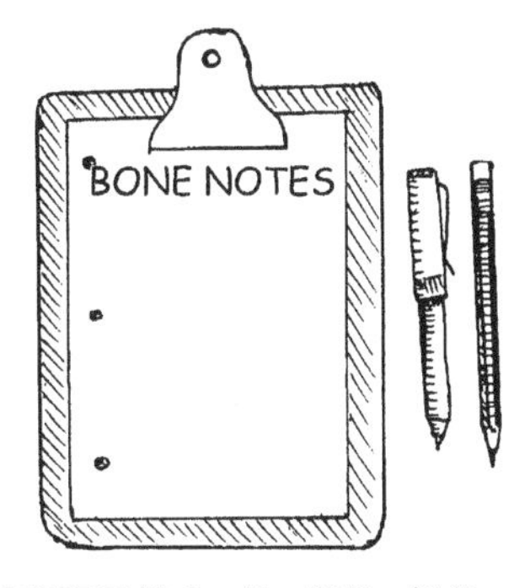

夹纸记录板夹、纸、钢笔、铅笔

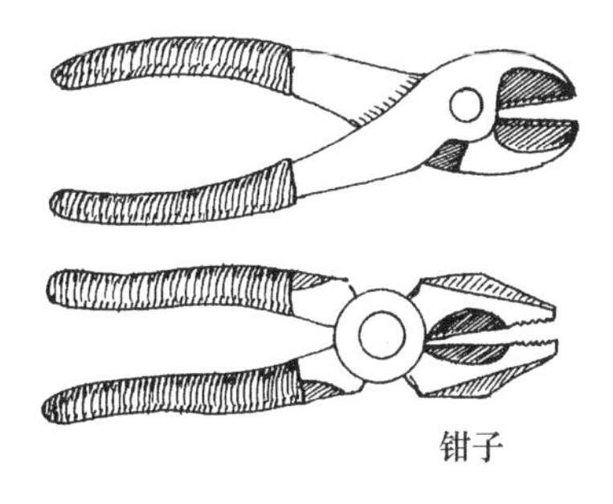

钳子

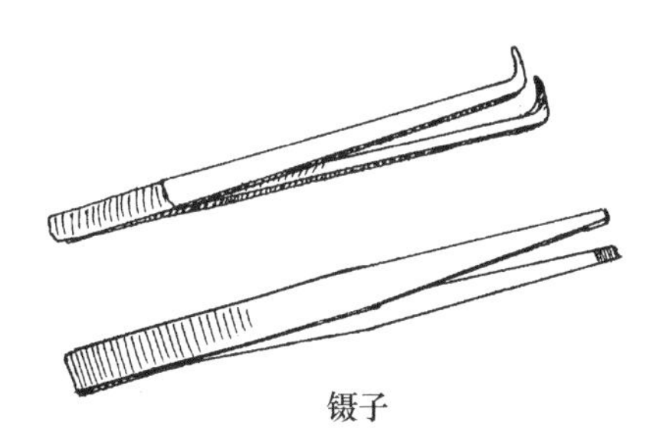

镊子

* 1英寸＝2.54厘米

连 接 材 料

将鸟的骨骼粘在一起的秘密武器是胶水。为了让胶水发挥良好的作用，骨头必须完全干燥和脱脂。如果骨骼干净且干燥，就可以用很多方法把它固定在一起。钢针、钢丝和杆与胶水结合是经常使用的方法，根据鸟个体大小的不同，下面是我使用的一些材料。

白乳胶——它有很好的可逆性，适合用于有骨骼定位问题的地方。胶水干得很干净，但不是很快，它有轻微的缝隙填充性能。这可能是最好的胶水，尤其是在课堂上使用。它足够坚固，足够清晰，而且安全。最重要的是，如果你犯了错，它是可逆的（将连接处放入温水或蒸汽中）。

环氧胶——5分钟环氧凝胶是一种很好的胶水，它很适合用来粘贴缝隙，几分钟就干了。每次都需要少量混合，它的持久性很好。

氰基丙烯酸酯胶水（强力胶）——这些可能是粘连骨骼的终极胶水。它们是透明的，快速干燥，非常坚固、永久，并且有不同的厚度。任何氰基丙烯酸酯胶水都可以通过在黏合区域喷洒一点加速剂来立即固化。这些胶水会立即将人的皮肤粘在一起，这使得一些学生害怕使用这种胶水。胶水也很脆，这意味着任何不太合适的东西都不能重新黏合。丙酮可以软化并去除胶水，但不会很快。

金属丝——16—9号镀锌钢丝。铝线（9号）可以很好地连接较大的鸟。同等大小的硬钢棒通常用于加强连接和固定椎骨。

专业的骨骼安装顺序

这是鸟类骨骼专家沃特（Wouter）推荐的连接顺序，他是一位专业组装鸟类骨骼（一次大概6—8个！）的荷兰学者，他把这项技术归结为一门非常有效的科学。

第一阶段：将喙骨粘在胸骨上

将胸椎粘在骨盆上

将尺骨粘在桡骨上

将腕掌骨粘在指骨上（拇指除外）

将头骨粘在一起

将指甲分类并粘在脚趾末端的骨头上

将尾巴粘在一起

将肋骨、颈椎和脚趾进行分类

第二阶段：将尺骨、桡骨和肱骨固定在一起，

将胸骨之间的腕掌肋骨和椎骨（胸腔内置）、肩胛骨固定在胸腔上

将脚趾骨固定在一起

第三阶段：将拇指和腕骨粘在翅膀上

将绒毛粘在喙骨上

将尾巴粘在骨盆上

将颈椎串在颈部的钢丝上（以获得正确的钢丝长度）

将钢丝弯曲成所需的颈部形状

第四阶段：将颈椎串在颈线上（同时把它们粘在一起）

将颈椎与胸椎粘在一起

将腿放在一起（因为当完成的身体在手边时，更容易确定骨骼正确的角度）

第五阶段：将胸骨支撑杆粘在支架上

将跗跖骨绑在架子上

将胸骨固定在支撑杆上

将股骨粘在髋关节窝里

将翅膀系在肩部的带子上

将脚趾粘在跗跖骨和脚架上，把头固定在脖子上

完成装箱或展示台

有关脚趾的工作

与许多哺乳动物的脚相比，鸟的脚出奇地简单。这只鹰的脚只有15块骨头，而人类的脚却有26块骨头。跗骨和跖骨大多融合在一起，形成一块叫作跗跖骨的骨头。

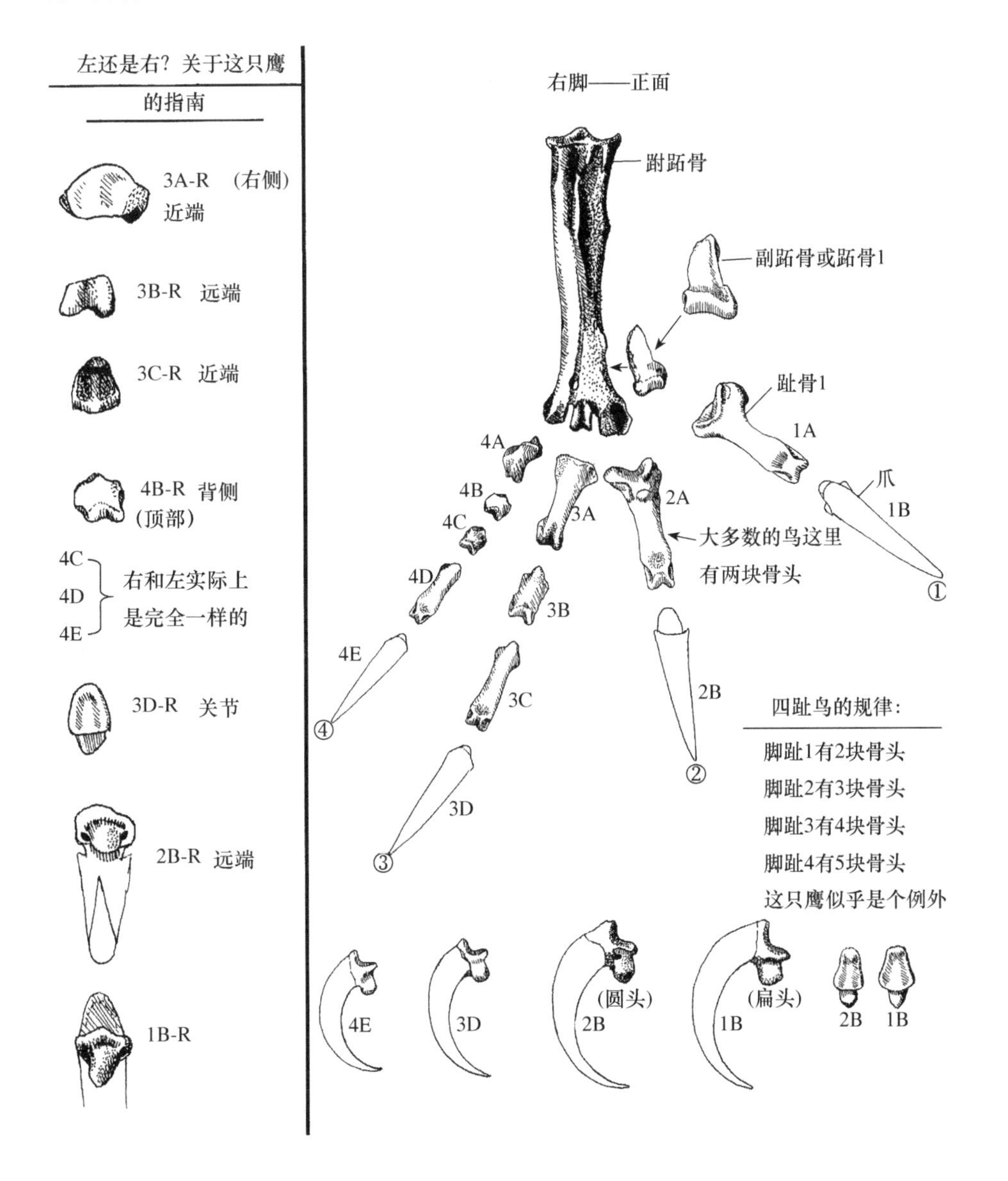

腿部拼接工作

因为鸟的骨骼很轻，所以可以用胶水和最少的金属支架把它们固定在一起。假设骨头干燥且无油，加固胶合接缝所需的金属量将直接关系到骨架的处理量，这也取决于骨头在关节处的吻合程度。

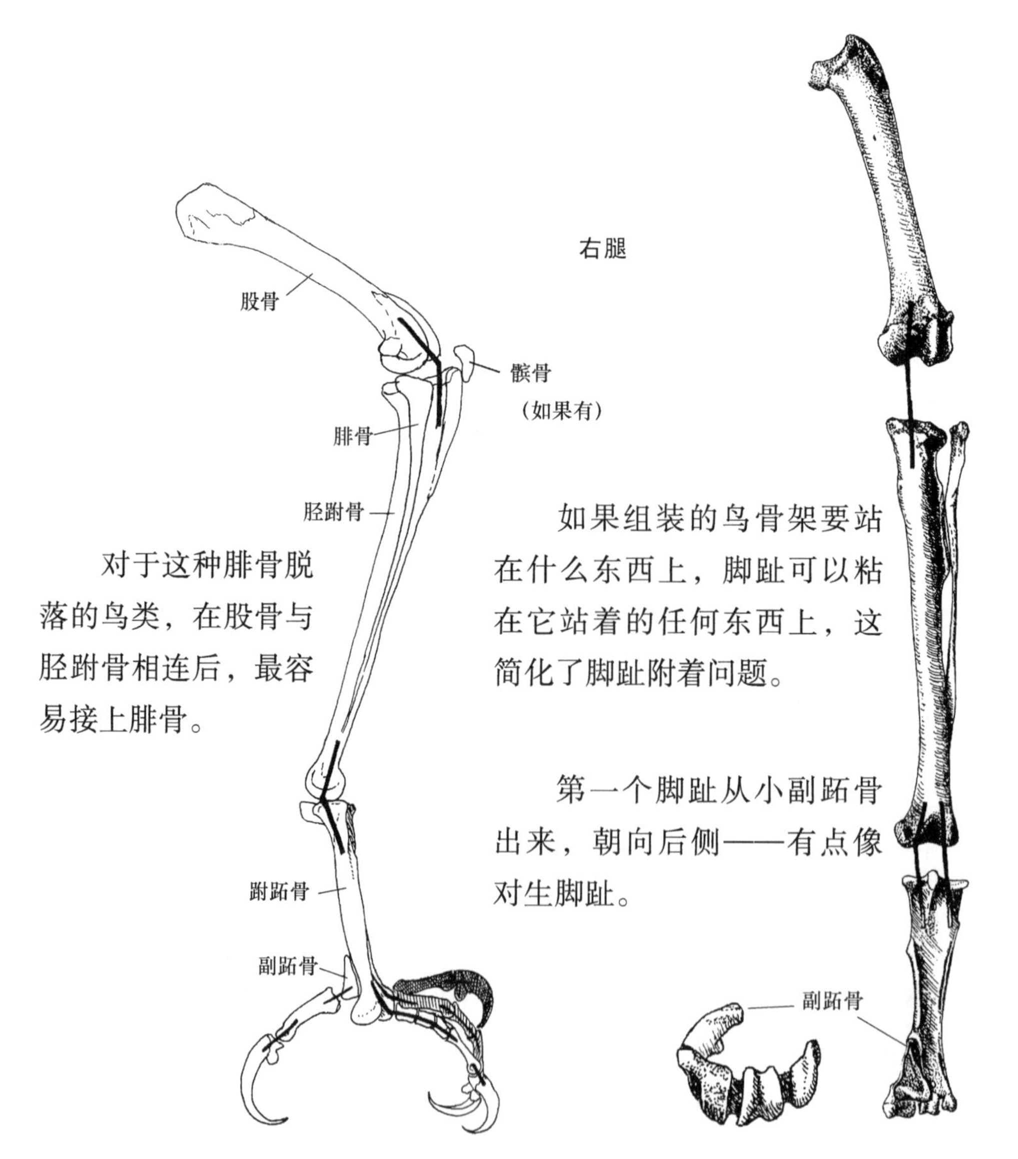

对于这种腓骨脱落的鸟类，在股骨与胫跗骨相连后，最容易接上腓骨。

如果组装的鸟骨架要站在什么东西上，脚趾可以粘在它站着的任何东西上，这简化了脚趾附着问题。

第一个脚趾从小副跖骨出来，朝向后侧——有点像对生脚趾。

头 骨 碎 片

巩膜骨环——这些精致的多片骨环包住了鸟类的眼睛。你可以很好地收集这些骨头并把它们重新组合在一起，它们浮在眼窝里——宽大的一端在里面。

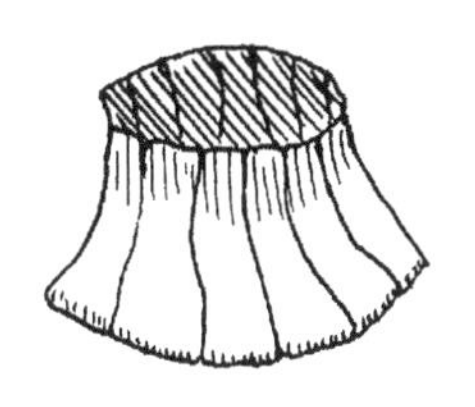

泪骨——在大多数鸟类中，它们是融合在头骨上的。但对于鹰来说，它们不仅是分开的，而且是分成两片的。

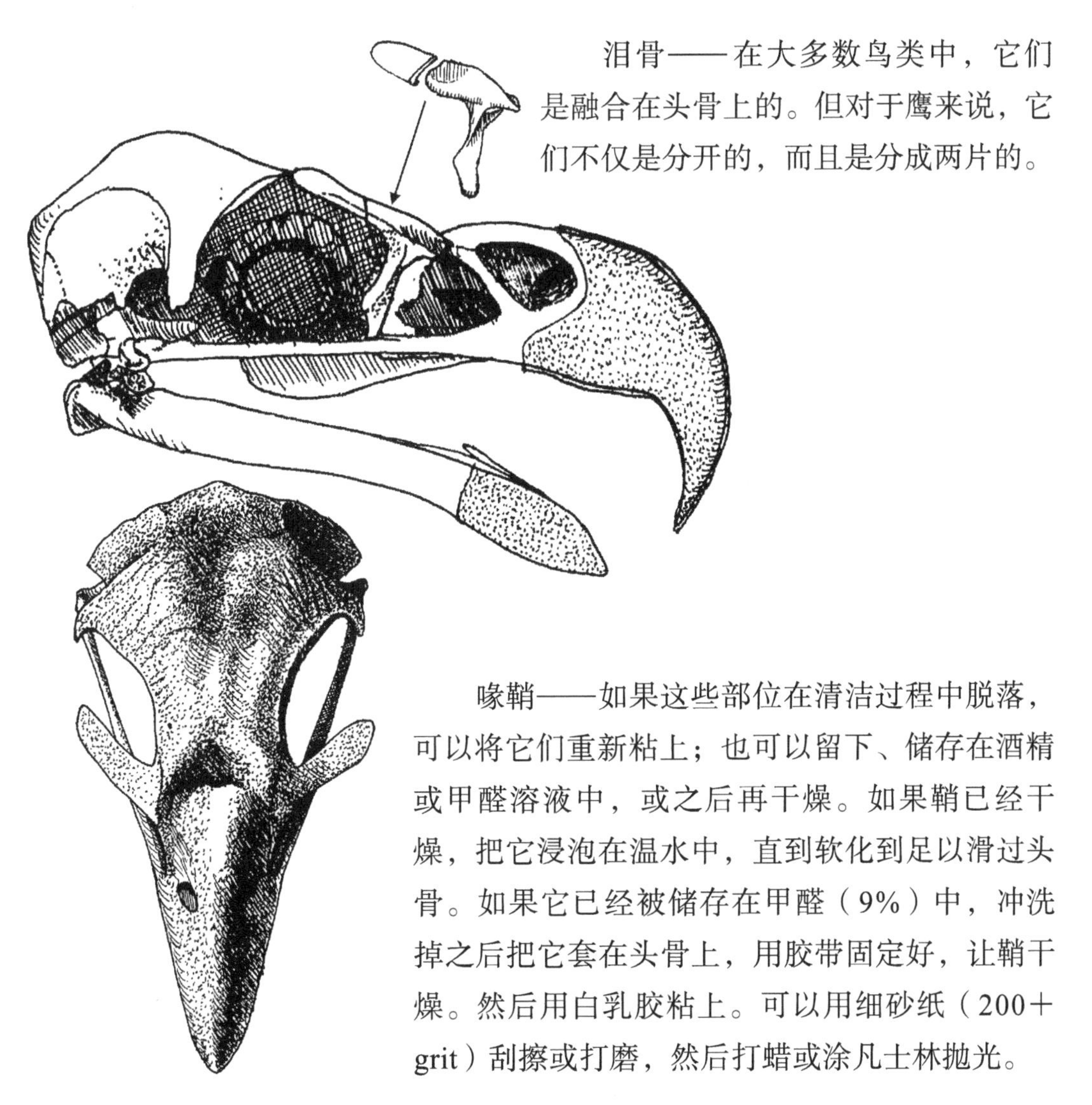

喙鞘——如果这些部位在清洁过程中脱落，可以将它们重新粘上；也可以留下、储存在酒精或甲醛溶液中，或之后再干燥。如果鞘已经干燥，把它浸泡在温水中，直到软化到足以滑过头骨。如果它已经被储存在甲醛（9%）中，冲洗掉之后把它套在头骨上，用胶带固定好，让鞘干燥。然后用白乳胶粘上。可以用细砂纸（200+grit）刮擦或打磨，然后打蜡或涂凡士林抛光。

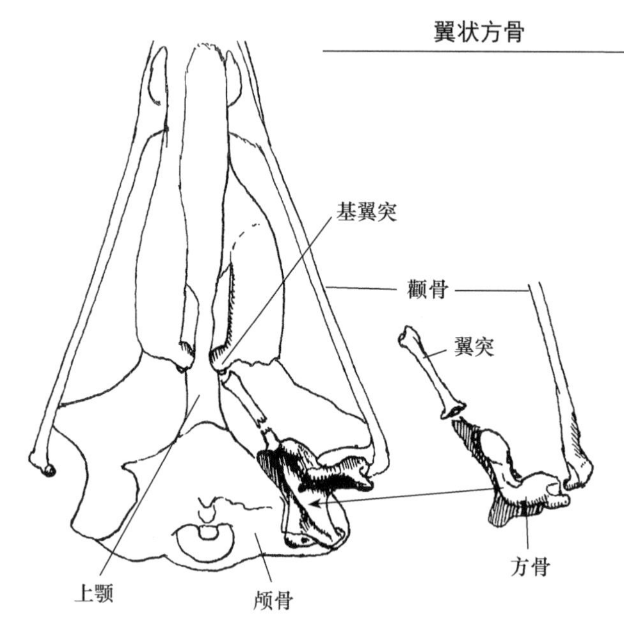

清洗头骨时，最好把这些留在原处。如果它们脱落——祝你好运！

颧骨与方骨的凹处相契合。翼突在方骨和一个像小钉子一样被称为基翼突的骨骼之间充当支柱。下颚（下颌骨）与方骨相连。

使用白乳胶，将方骨粘在头盖骨和颧骨之间。趁胶水稍微有弹性，方骨仍然可以移动时，将翼骨粘在上颚和方骨之间。

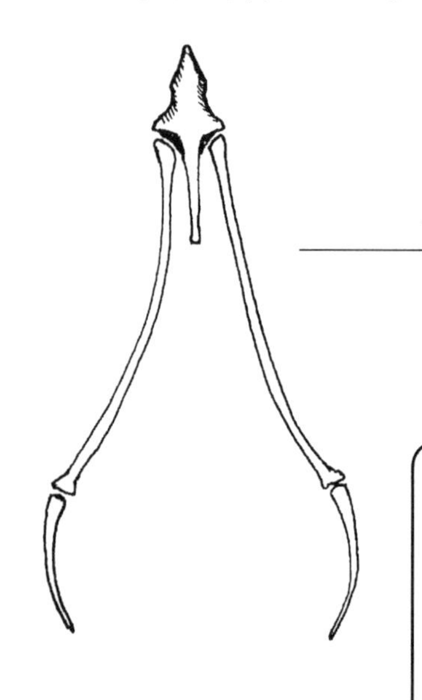

这是一个由五到七块小骨头组成的非常精致的组合。舌骨从喉咙几乎延伸到舌尖。先把它们粘在一起，然后在附着下颌骨之前固定好。

科　普

有些鸟类有特别长的舌骨延长部分（舌骨角），长到可以环绕在头骨后面，越过头骨顶部，进入（显然总是）右鼻孔。这些鸟类需要伸出舌头来进食，舌骨随着舌头延伸。

肋骨拼装

研究鸟肋骨对我们来说喜忧参半。喜的是鸟没有很多肋骨，这只鸟只有八对，不好的是，它们中的大多数都是成对的，而且又薄又脆弱，很难正确安装，下面是肋骨拼装的具体步骤。

1. 将所有的肋骨排列成匹配的对组

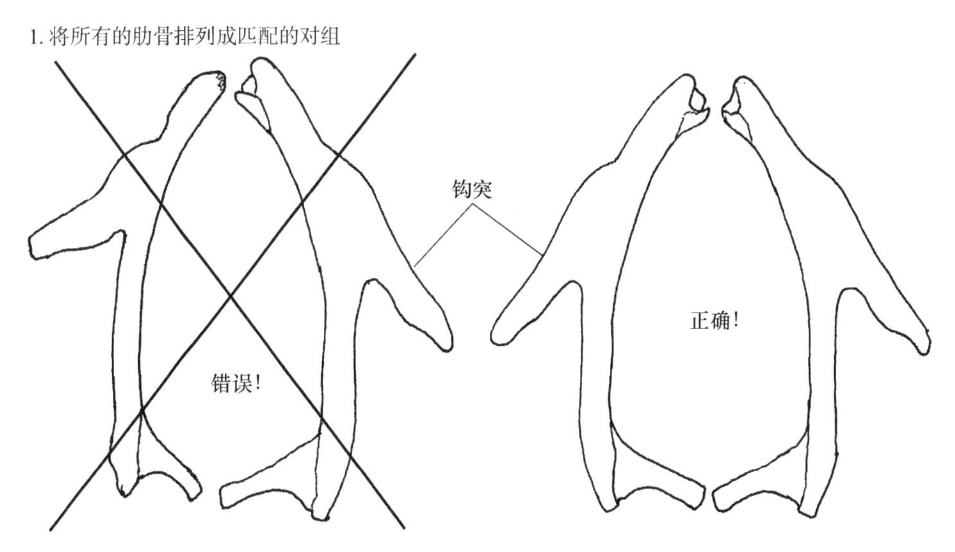

2. 将它们分辨出左右——肋骨放平，肋骨头在远离你的方向，看起来像鲨鱼鳍的脊（钩突）朝上，曲线的凸出方向即为肋骨所处的方向。在没有钩突的肋骨上，肋骨头放在桌子上，凸形曲线会向上弯曲（立在空中），凹形曲线将面向下（朝向桌子）。此时，凸形曲线的方向即为肋骨的正常摆放方向。

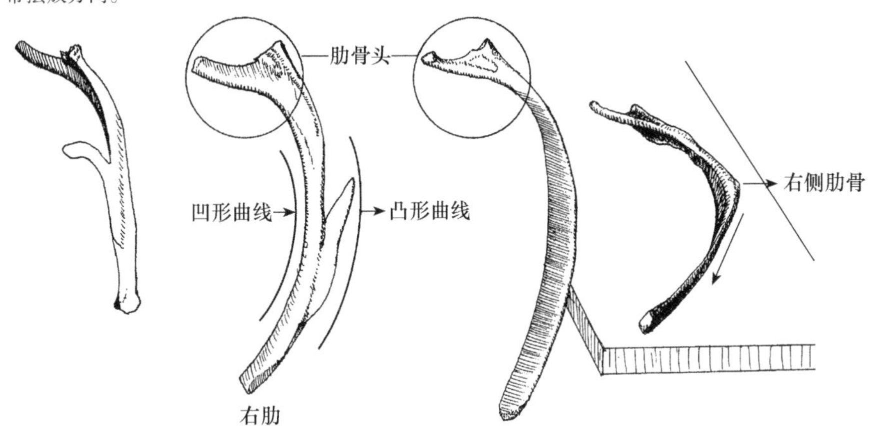

排列肋骨

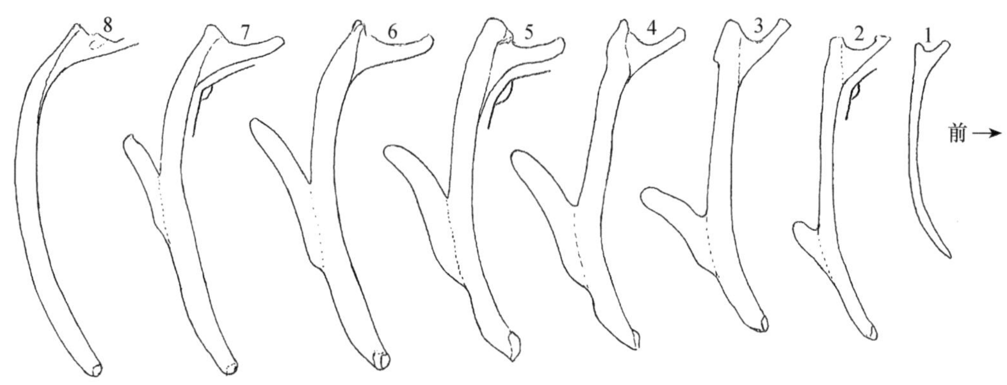

右侧肋骨——钩突在这个视图中都是面向下的

3. 将肋骨按照正确的顺序从前到后排列——最小的肋骨是第一肋骨。肋骨头的角度、钩突（鲨鱼鳍）的大小和位置是上述序列的最佳线索，最后一根肋骨没有钩突。

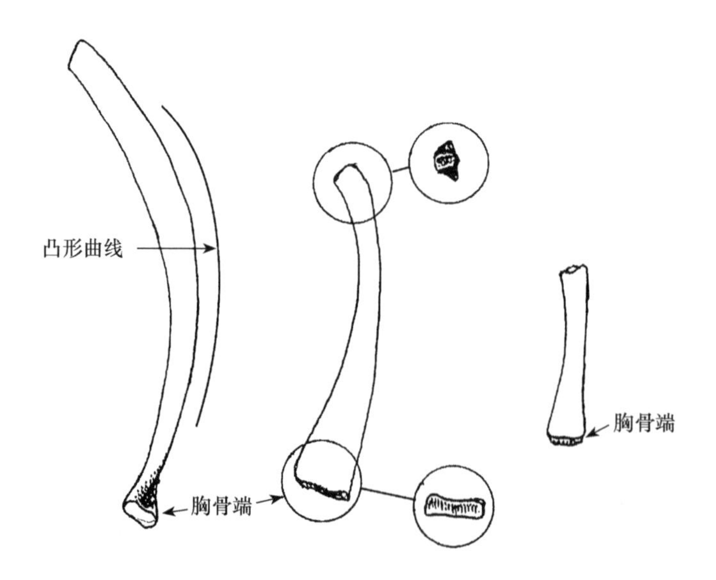

4. 整理胸骨肋骨——除了第一对肋骨，鸟类还有第二组肋骨，称为胸骨肋骨。每一个胸骨末端都是扁平的矩形。按照与主肋骨相同的步骤将它们分类。将它们放在桌面上，胸骨端朝下，凸面朝上。长的胸骨后肋骨比短的胸骨前肋骨更容易辨认。从第2根肋骨开始，它们的大小顺序是由短到长，对应于从前到后。

一些关于颈部的工作

将椎骨分类，并按正确的顺序放置。这是一个具有挑战性的难题，但即使是普通人也能解决，而且很有趣。寰椎是一个微小的骨环，枢椎是第二小的，有一个凸出的“舌头”（前突）。从两端看，颈椎有一个三孔面（倒置）。哺乳动物几乎总是有七节颈椎骨，而鸟类则不同，它们的颈椎骨数量是哺乳动物的许多倍。保持相邻椎骨的贴合，并且寻找形状和大小的趋势和模式，甚至是关节的完美匹配。

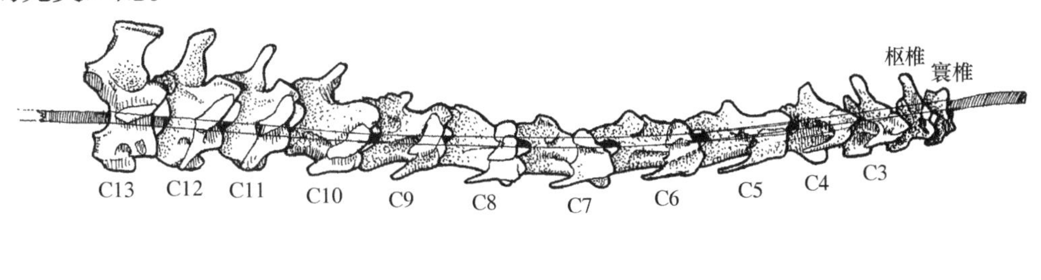

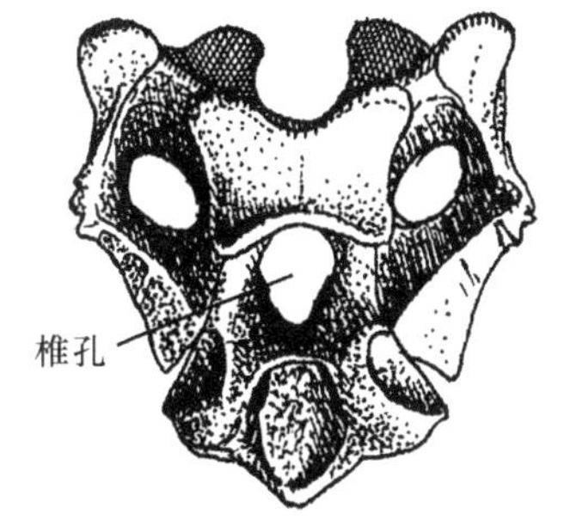

面向颈椎，倒置

T1
T2
T3
T4
T5
T6

首先将胸椎骨串在一根硬铁丝上相互粘连。是将骨头相互粘在一起，而不是粘在铁丝上。用这根铁丝将骨盆夹在肋骨夹具上。每一块胸椎都有一对肋骨与之相关联并连接在一起。因此，它们的两侧将有肋骨连接面。

完好的肋部

我希望努力（但没成功）想出一个好的、可描述的组装胸腔的技术。Wouter给我发了这个肋骨制造夹具的计划，使这个过程更容易操作——主要原因是你不需要四只手。夹具将胸骨和骨盆固定在正确的位置，你只需处理两侧的肋骨。步骤如下：

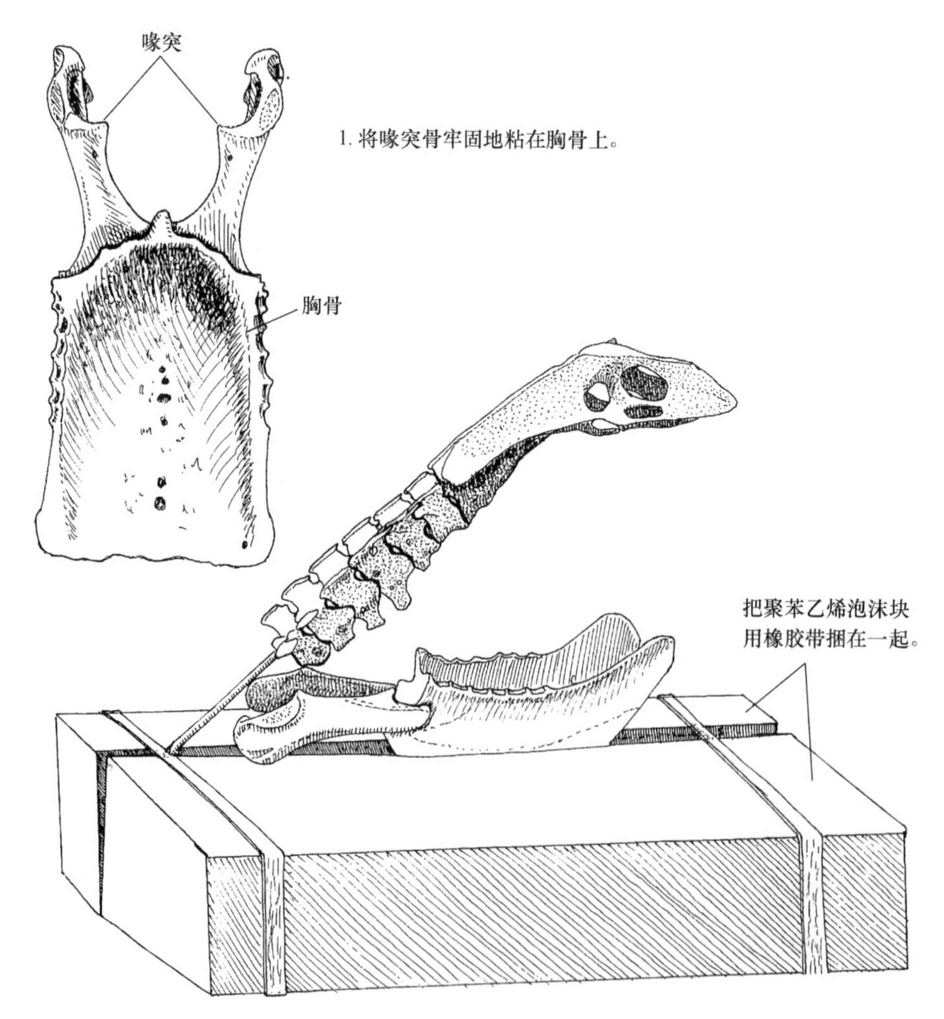

2. 用夹具将胸骨和骨盆固定在正确的位置，然后腾出手来处理肋骨。骨骼组装者为此使用了一个蝴蝶安装板，因为它可以在适当的位置打开、关闭并且锁定。

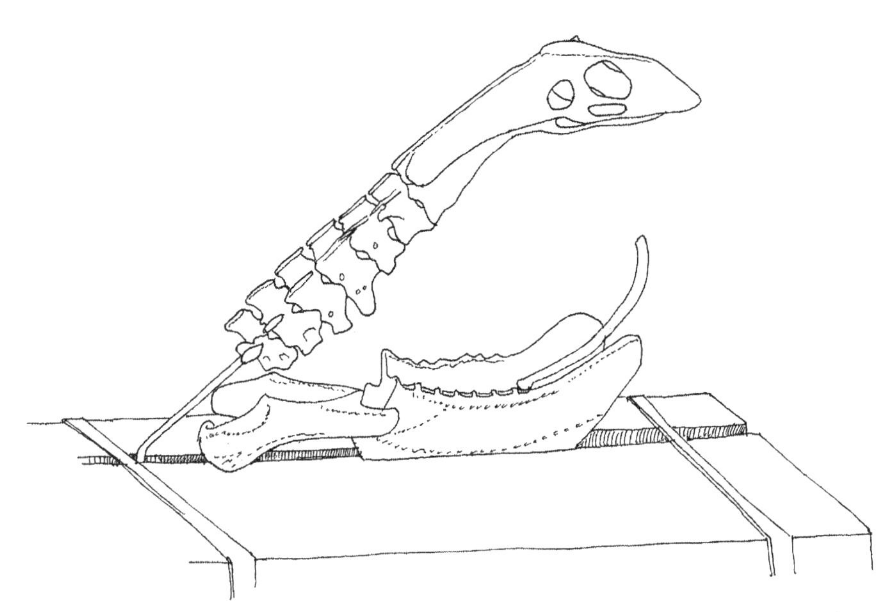

3. 胸骨和骨盆部分之间的结构关系由第一对和最后一对连接肋骨的长度和曲率决定。从胸骨肋骨开始，先粘最后一对肋骨。

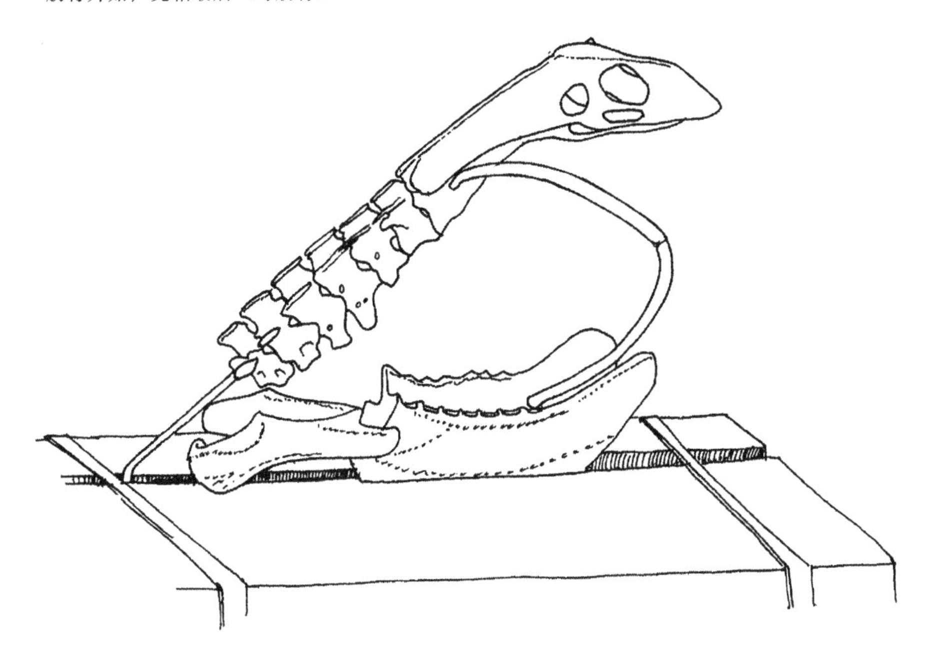

4. 胸肋骨粘合后，主肋骨粘合在它和骨盆之间。在构建胸腔时，注意骨盆部分不要扭曲。

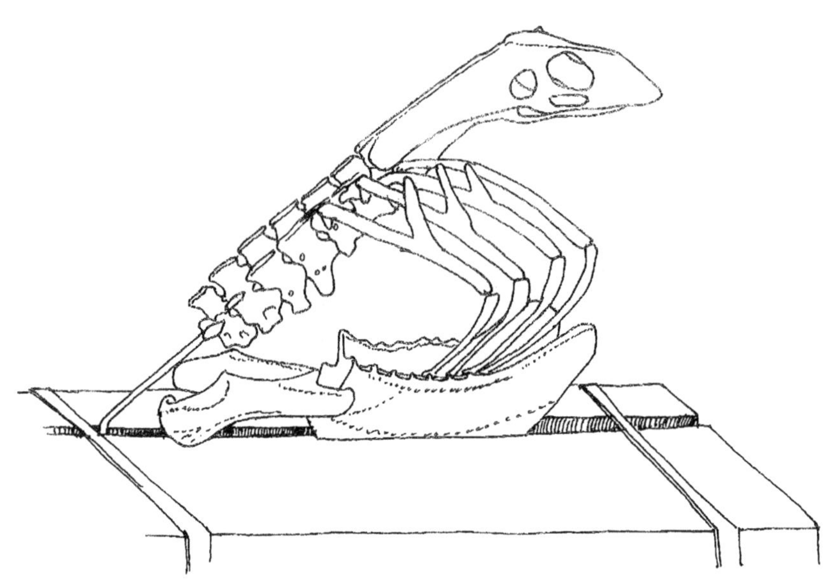

5. 将肋骨一片一片、一根一根地按照同一方向、朝向一侧安装。每根肋骨可以在与前一根肋骨钩突重叠的位置粘合。并努力保持各个肋骨是平行的。

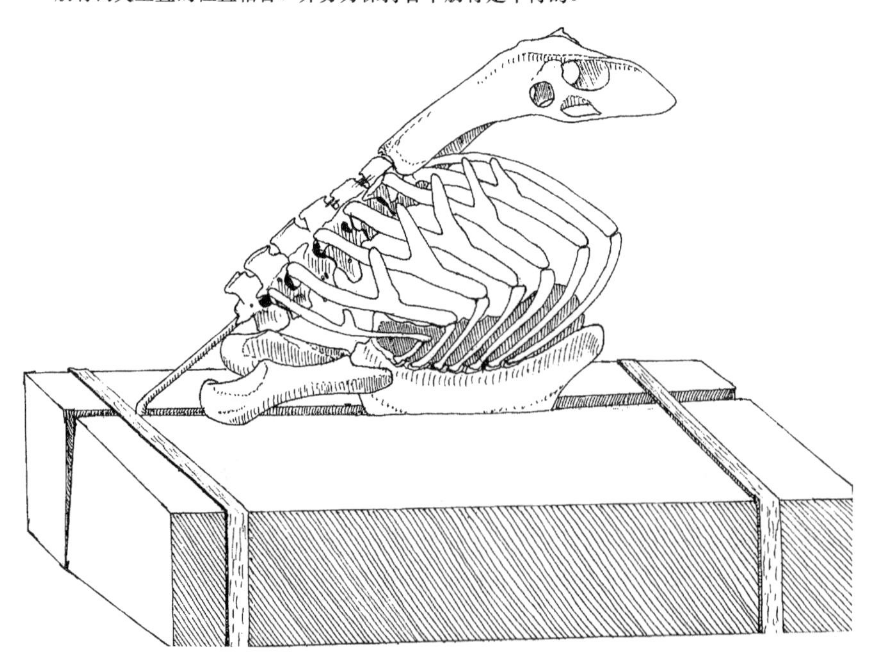

6. 完工的一面应该是这样的。

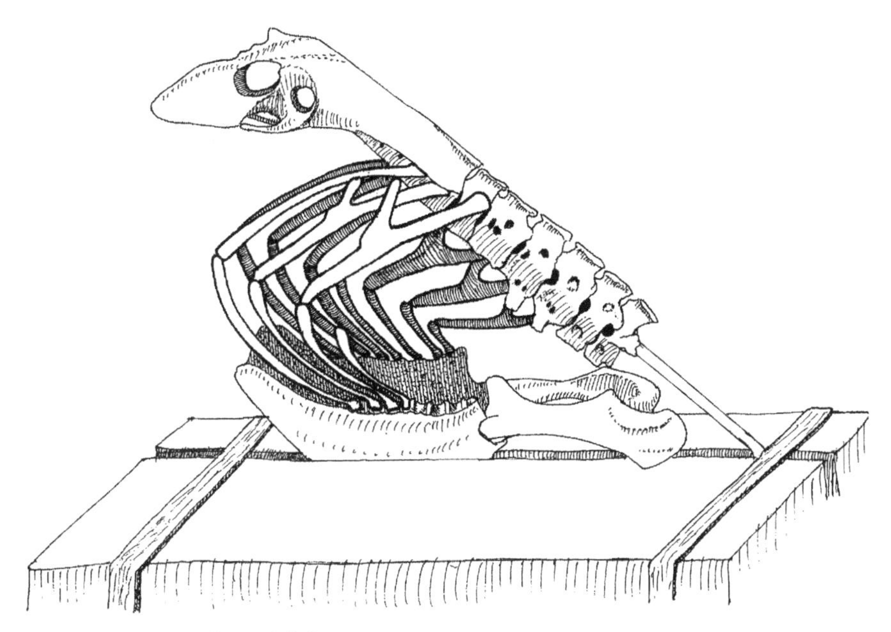

7. 胸廓的另一侧与前一侧成镜像。

另一种方法是两边交替进行，同时做两边，按照你的方式做。这可能有助于保持骨盆更好地与胸骨对齐，因为它是肋状的。

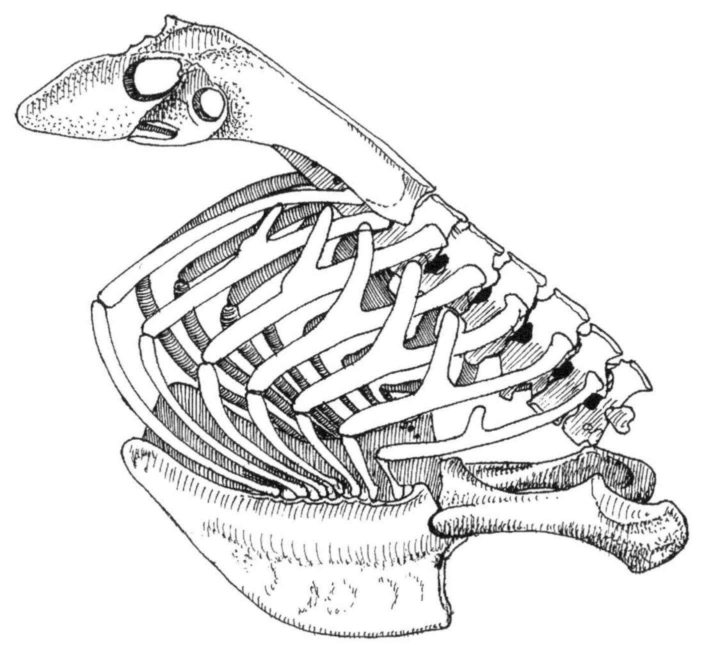

8. 完成的胸腔看起来是这样的。金属丝已经去掉了。

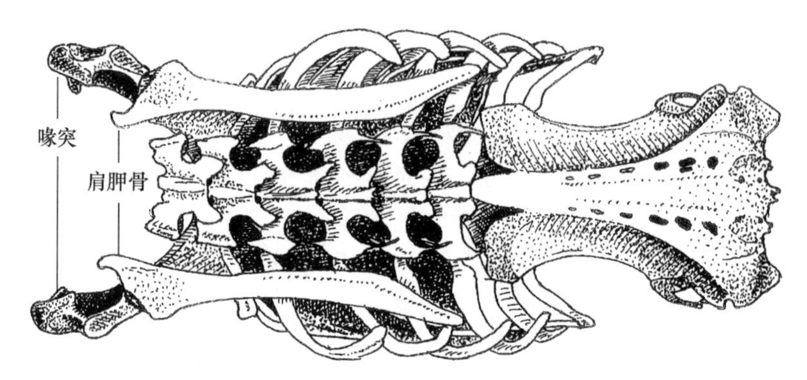

9. 现在可以将肩胛骨粘在喙骨上。

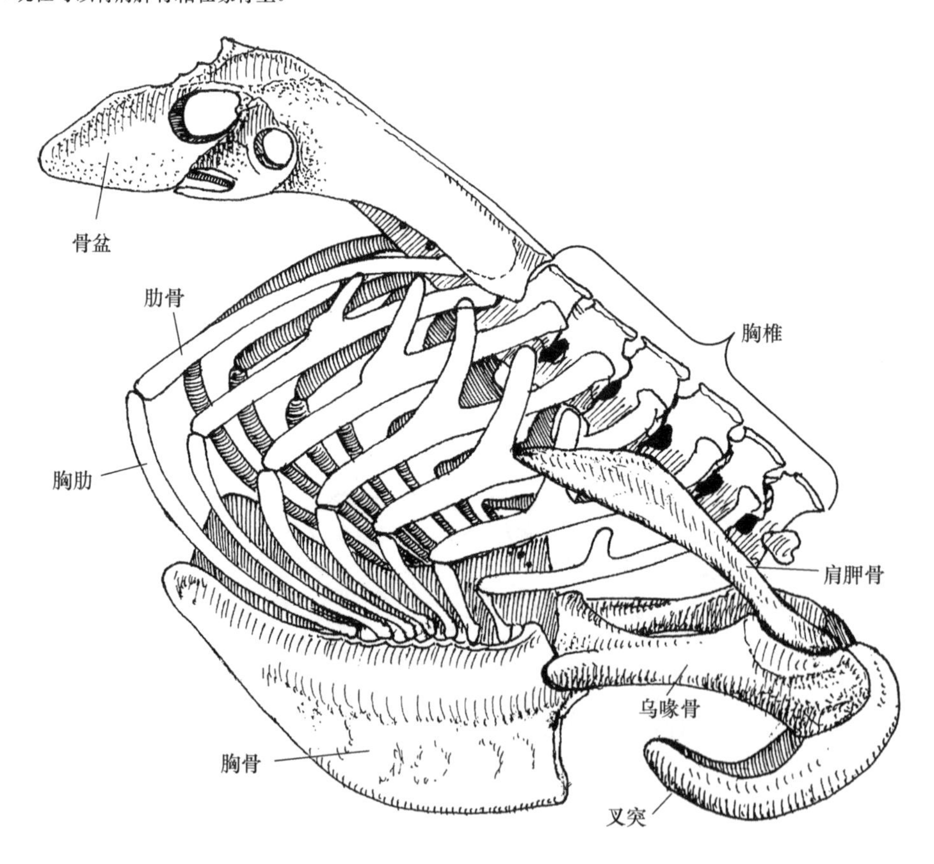

10. 将叉骨粘上，现在身体的主要部分就很完整了。

关于颈部的更多工作

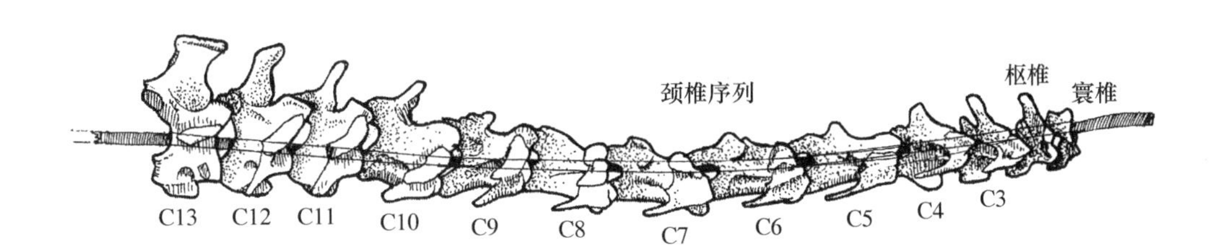

金属线长度可以通过以下方式确定：移除引导线并将其预弯曲至所需曲率，留出足够的长度连接头骨。大多数鸟在放松的姿势下会把它们的脖子保持在一个相当稳定的“S”形的姿态。将胸椎串在金属丝上并粘连，当你组装头部的时候就可以直接将它绑在金属丝上并与椎骨粘在一起。

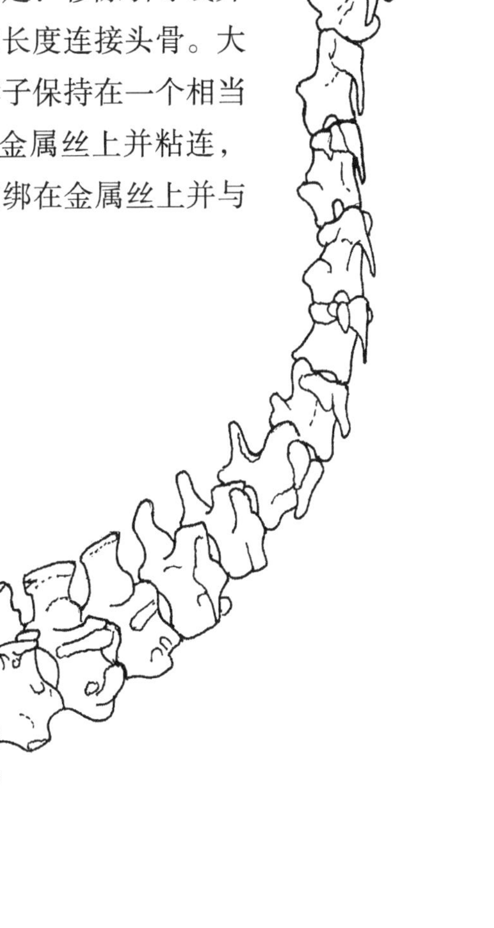

结束颈部工作

把头固定在脖子上总是有点问题。与颈部相比，它相对较大且较重，寰椎与颅骨的连接处很小——就像一个小圆球，可以装入寰椎的匹配套接口中。寰椎太小了，不容易用金属别针固定，我一般也不太相信只用胶水就能固定住。

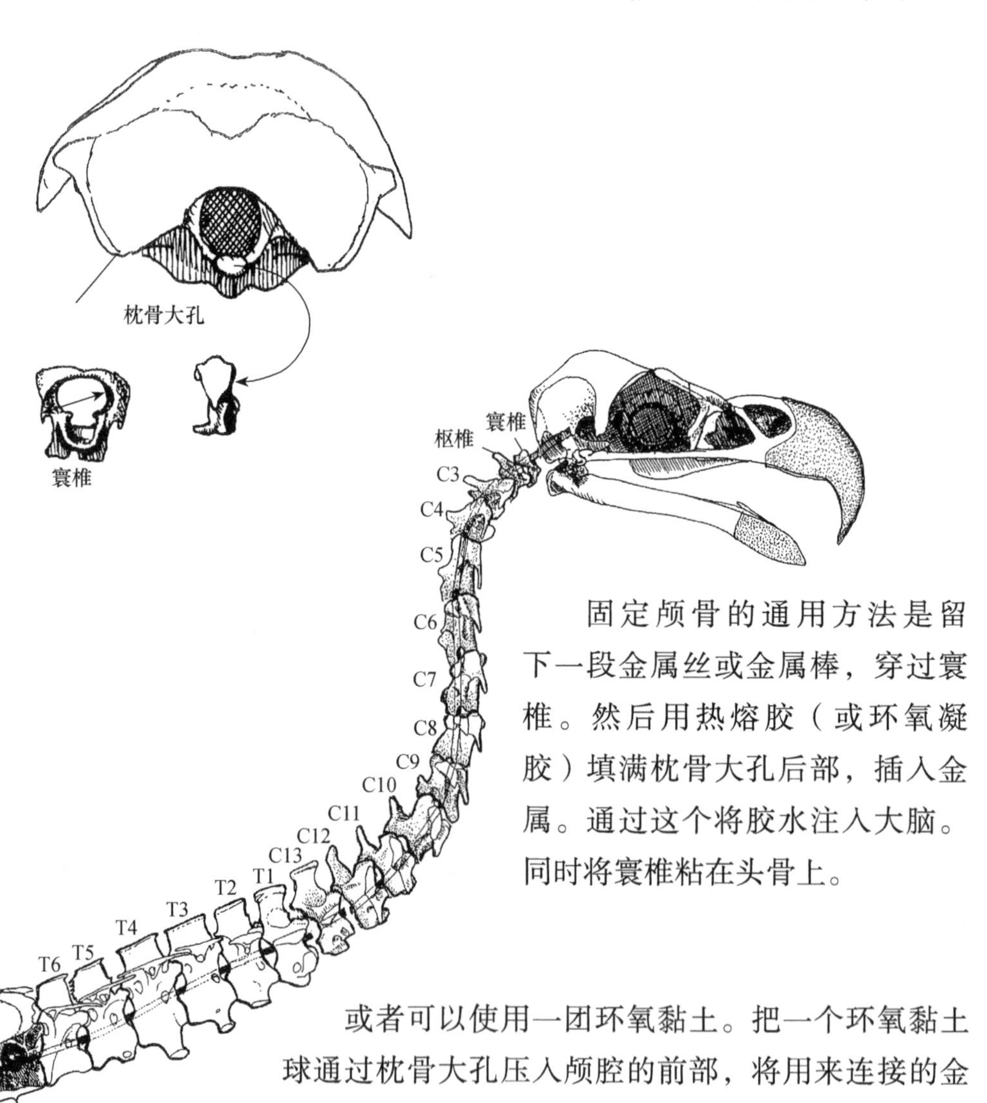

固定颅骨的通用方法是留下一段金属丝或金属棒，穿过寰椎。然后用热熔胶（或环氧凝胶）填满枕骨大孔后部，插入金属。通过这个将胶水注入大脑。同时将寰椎粘在头骨上。

或者可以使用一团环氧黏土。把一个环氧黏土球通过枕骨大孔压入颅腔的前部，将用来连接的金属丝压入环氧黏土的后侧。

少 许 尾 骨

这只鸟有八块骨头组成尾巴的自由尾椎骨。穿过椎孔（脊髓孔）的14或16号钢丝将把骨头排成一行，帮助固定它们，并把它们粘在一起。

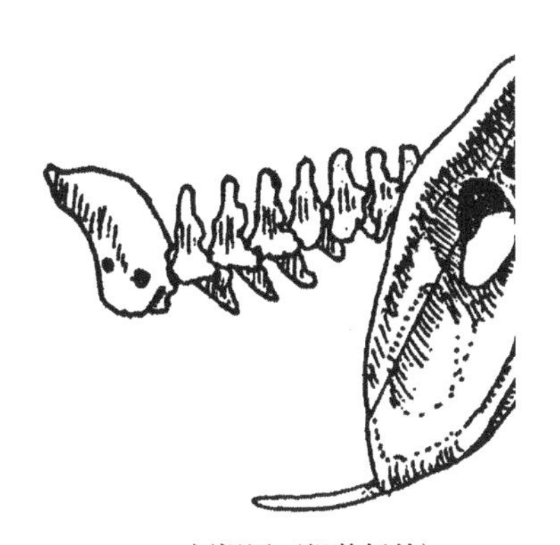

侧视图（组装好的）

科　普

卡特里娜·范·格鲁在《没有羽毛的鸟》中提到：孔雀的大扇形尾巴并不是真正的尾巴，而是可以竖起来时展开的背部羽毛。

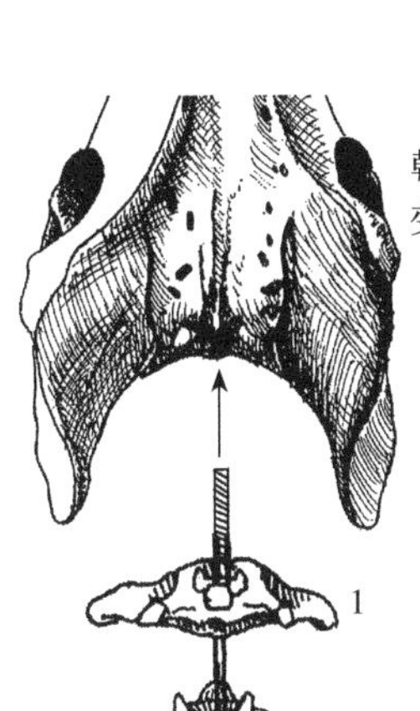

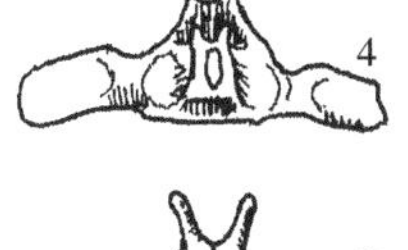

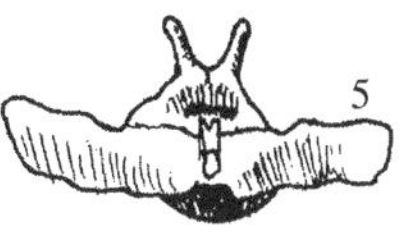

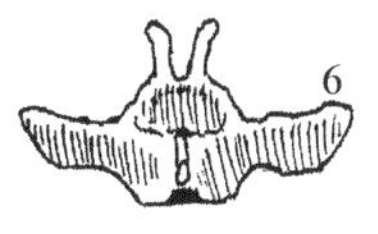

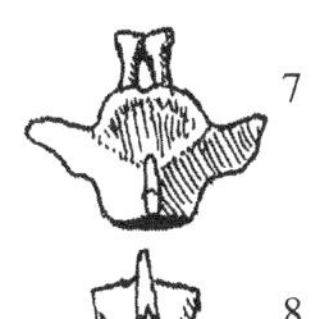

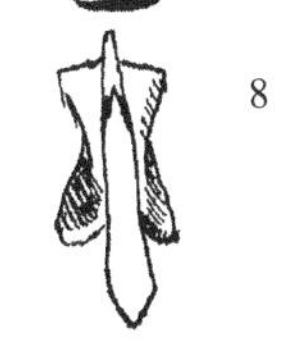

背视图

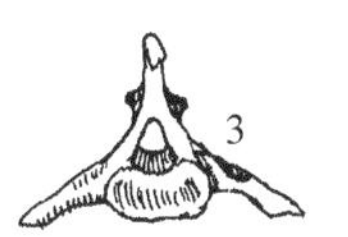

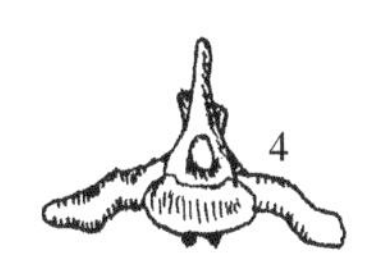

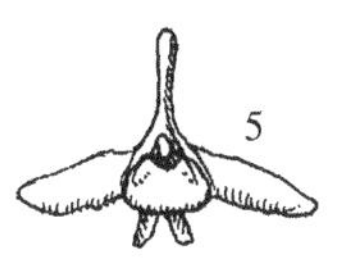

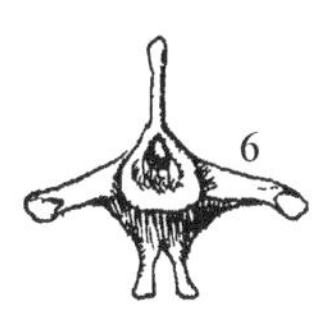

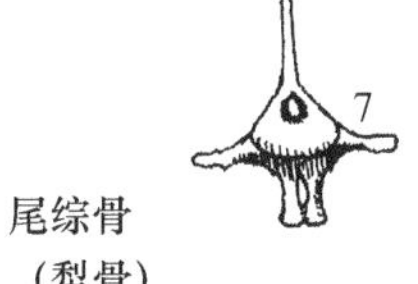

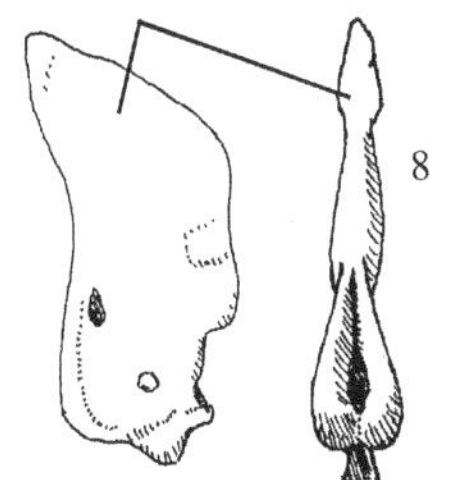

尾综骨侧视图　尾视图

分 解 翅 膀

有的羽毛直接衔接在第一指和第二指上。据推测，鸟类可以独立控制这些羽毛移动，以此对它的飞行进行微调。

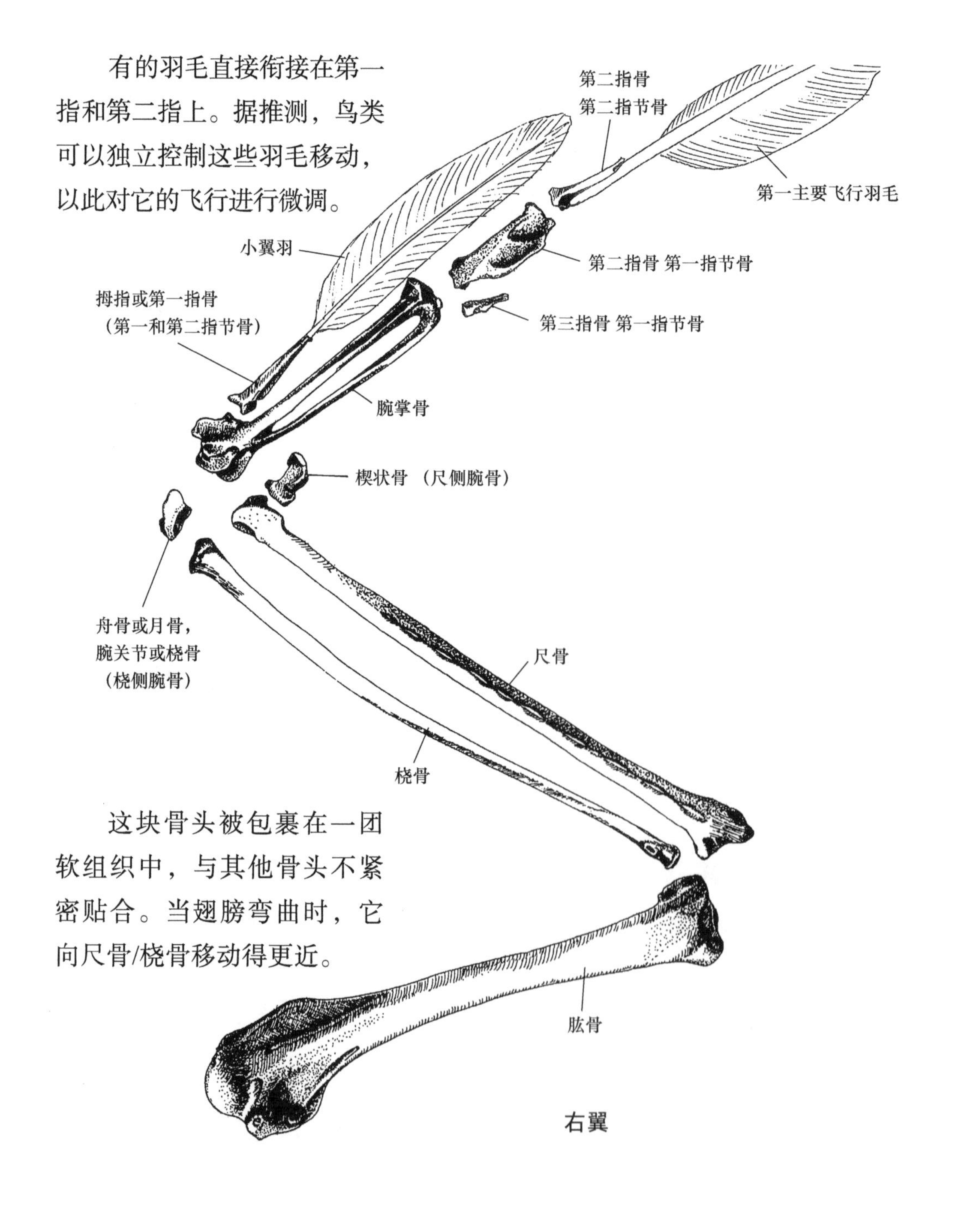

这块骨头被包裹在一团软组织中，与其他骨头不紧密贴合。当翅膀弯曲时，它向尺骨/桡骨移动得更近。

所有的翼骨

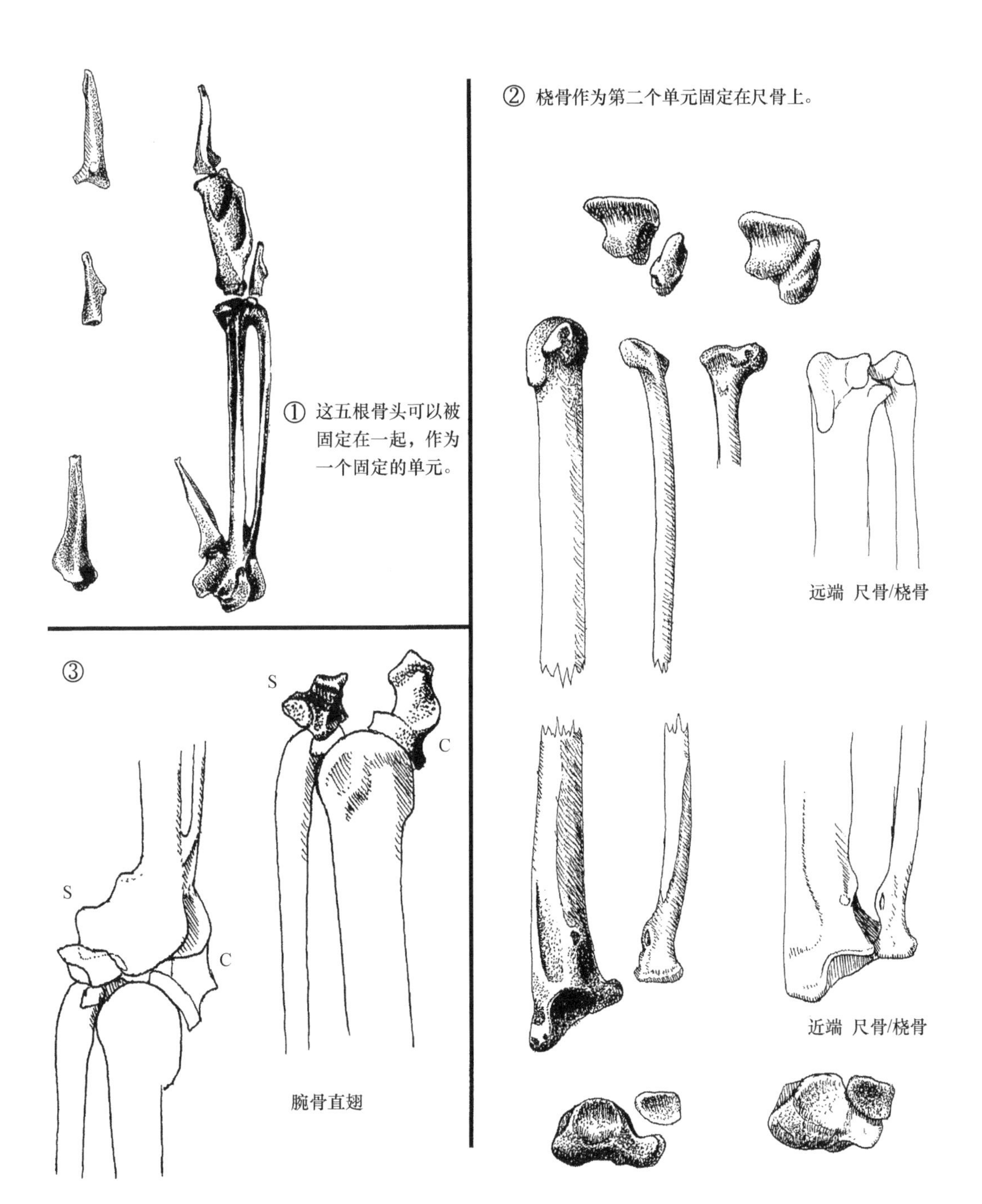

① 这五根骨头可以被固定在一起，作为一个固定的单元。
② 桡骨作为第二个单元固定在尺骨上。
远端 尺骨/桡骨
近端 尺骨/桡骨
③
S
C
S
C
腕骨直翅

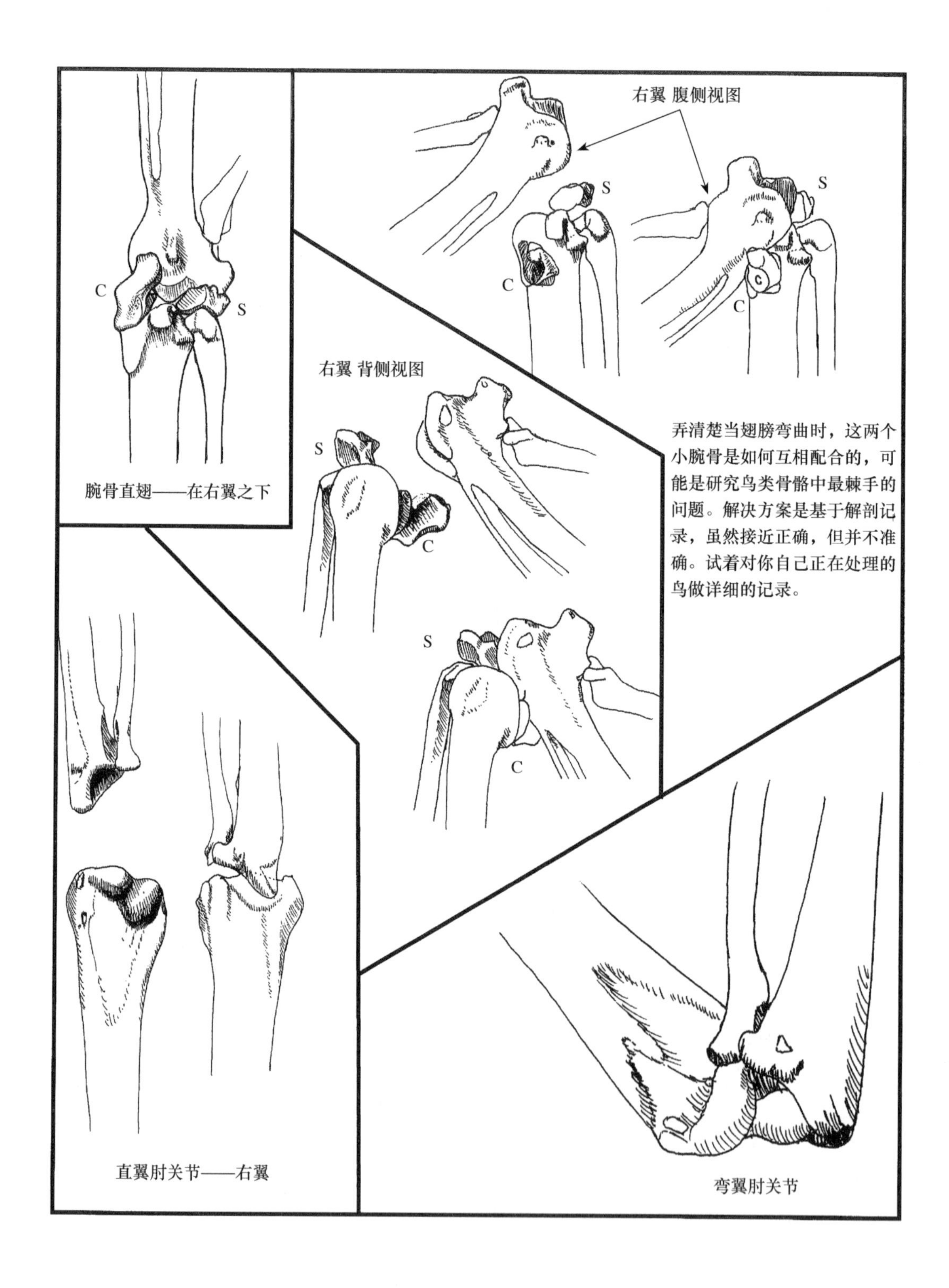

C
S
腕骨直翅——在右翼之下
右翼 腹侧视图
S
C
S
C
右翼 背侧视图
S
C
S
C
弄清楚当翅膀弯曲时，这两个小腕骨是如何互相配合的，可能是研究鸟类骨骼中最棘手的问题。解决方案是基于解剖记录，虽然接近正确，但并不准确。试着对你自己正在处理的鸟做详细的记录。
直翼肘关节——右翼
弯翼肘关节

完成工作

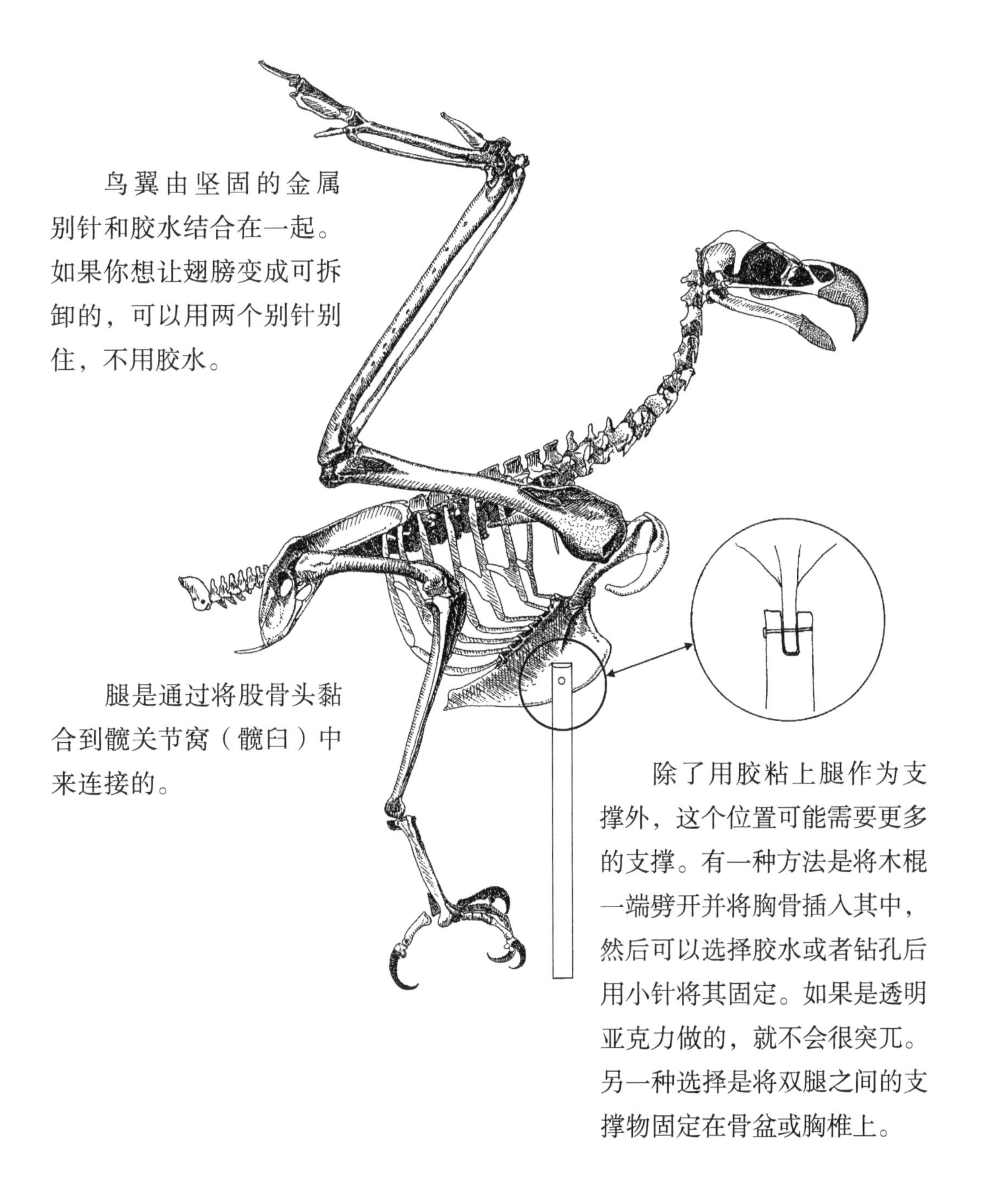

鸟翼由坚固的金属别针和胶水结合在一起。如果你想让翅膀变成可拆卸的，可以用两个别针别住，不用胶水。

腿是通过将股骨头黏合到髋关节窝（髋臼）中来连接的。

除了用胶粘上腿作为支撑外，这个位置可能需要更多的支撑。有一种方法是将木棍一端劈开并将胸骨插入其中，然后可以选择胶水或者钻孔后用小针将其固定。如果是透明亚克力做的，就不会很突兀。另一种选择是将双腿之间的支撑物固定在骨盆或胸椎上。

支 撑 物

这是这只鸟的额外支撑装置。一只更小的鸟可以靠更少的支撑物，一只更大的鸟可能需要更多。这个架子是亚克力材质的，但是木头或者树枝也可以。金属针是各种尺寸的金属丝或金属棒。我经常使用小平头的小修整钉，因为它们比卷起来的要硬。除了金属针外，还要使用胶水，否则金属针容易分开。

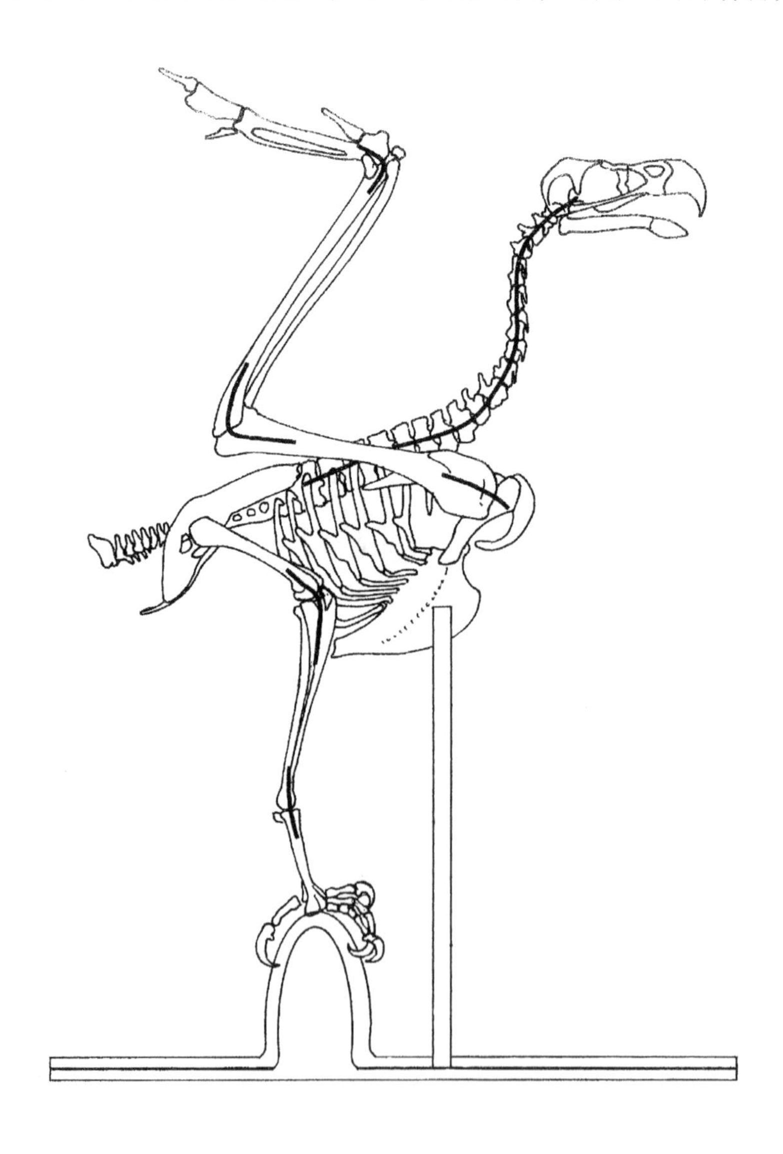

Wouter的一个案例

鸟的骨架很脆弱，最好能把灰尘和污垢挡在外面。以下是制作玻璃展示柜的一些计划，首先是木质底座的三种制作方法。

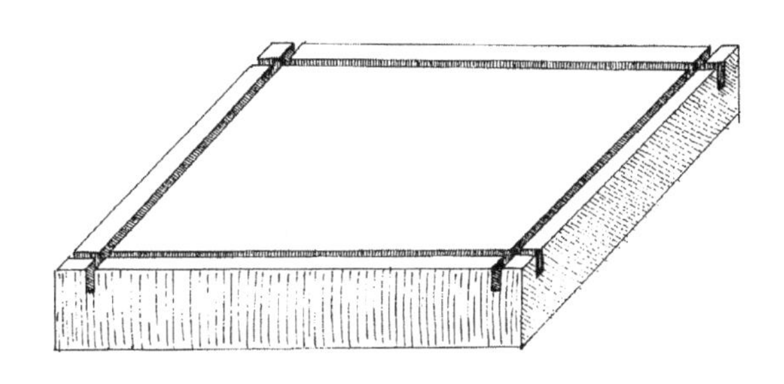

用台锯在木质底座上锯出可以放置玻璃的凹槽。

或者

用刨槽加工木质底座的边缘，使中间形成一个平台，这个平台的四边刚好可以将玻璃罩放上去。也可以使用台锯进行切割。

或者

将薄木片用胶水或钉子固定在木质底座边缘的四周，与其形成一个可以放置玻璃的唇口。

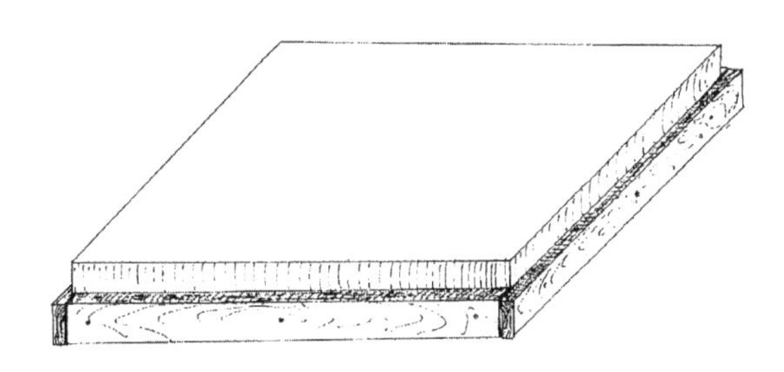

鸟的立方体展示盒

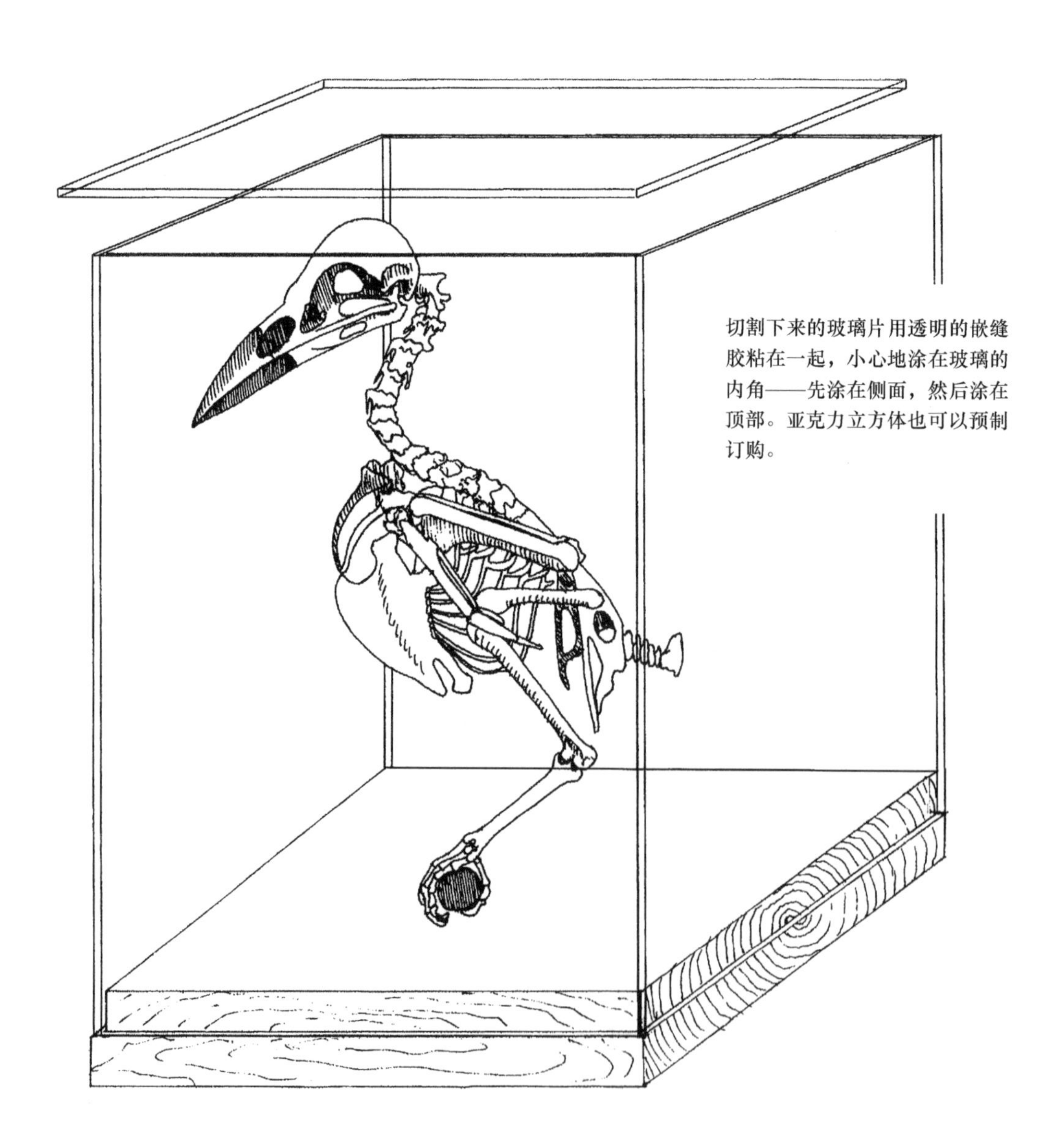

注意：通过将金属丝穿过跗跖骨头的跖背孔，穿过箱子的底部，并紧紧地缠绕以将脚固定在适当的位置，从而将鸟直接安装到底座上。

组装一只大鸟

介　　绍

多年来，我一直想要清晰地展示一副鸵鸟骨架。更重要的是，我想成为街区里第一个在客厅里有鸵鸟骨架的孩子！多年来，我一直试图获得一副完整、成熟、干净的鸵鸟骨架，但未能如愿。后来，我偶然发现了一条来自内布拉斯加州的出售澳大利亚鸸鹋骨架的信息。鸵鸟和鸸鹋在私人狩猎场越来越常见，人类饲养它们是为了获得肉、皮革、油或者是用来娱乐。

鸵鸟可以长到8英尺高，300磅*重，而鸸鹋（世界第二大鸟）只有6英尺高，90磅重。鸸鹋有一双像恐龙一样的三趾脚，而鸵鸟每只脚只有两个脚趾。事实证明，鸸鹋更适合放在我的客厅。

下面是组装一个非常大的、干净的鸟骨架的方法。

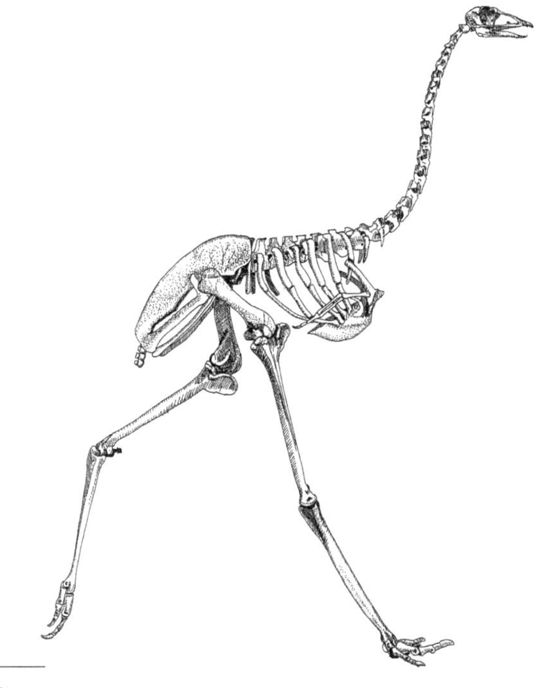

* 1磅＝0.4535924千克

材 料 清 单

环氧凝胶——1管

强力胶（厚1500厘泊）——1盎司

9号钢丝——1小卷

12号钢丝——1小卷

16号钢丝——1小卷

19号钢丝——1小卷

1/4英寸全螺纹钢棒——3英尺

#8（8号）全螺纹钢棒——3英尺

#6（6号）全螺纹钢棒——3英尺

钳子

钢丝钳

电钻和钻头——1/16英寸

卡尺、锥子、直尺

热胶枪和胶水

以及一只成年鸟的一堆干净的骨头（最好是一整个）。

特别感谢艾伦·福莱把这只鸟从内布拉斯加州带来送给我，同时感谢来自澳大利亚的米格尔·埃特马帮助解决了某些骨头的正确位置和数量的难题（骨架附带额外的骨头），布鲁斯·莫恩纠正了一些关于脚趾趾骨位置的错误。

“恐龙”脚趾

预先计划好你想要固定脚趾的位置。虽然以后可能会有一些改动，但最好现在就确定脚趾的位置，并相应地钻出要穿金属线的孔。

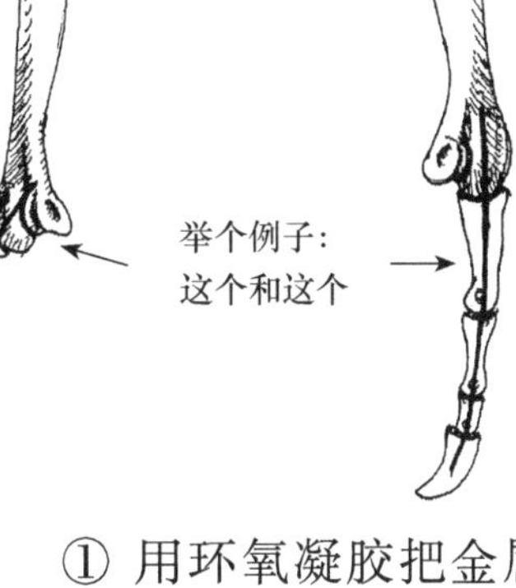

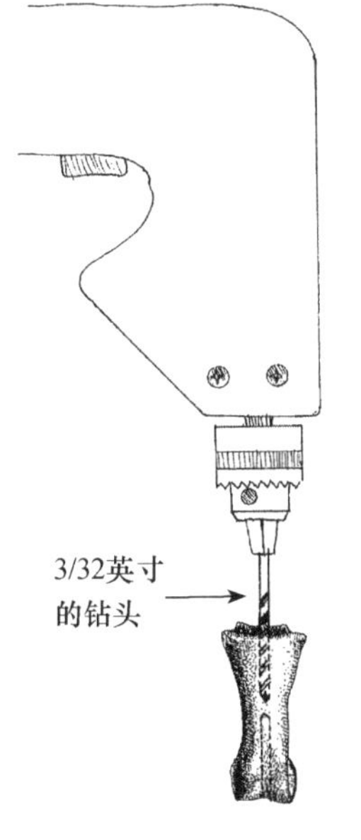

在每个脚趾骨中间钻孔。然后从对面钻过去，尽量在中间联通。用锥子或铲头做一个凹痕以便使用钻头。

① 用环氧凝胶把金属丝粘在最后一个脚趾上。

② 趾骨像珠子一样串在金属线上，没有粘在一起。这样，脚趾以后仍然可以弯曲和调整。

③ 金属丝被粘在小腿骨（跗跖骨）上的钻孔中。

右脚

在这本书的早期印刷版中，关于脚趾我的排列是错的。一位古生物学家纠正了我。三趾鸟的普遍排列是：内脚趾有三块骨头，中脚趾有四块骨头，外脚趾有五块骨头。此图现在显示了正确的排列。

长　腿

这只鸟的腿连蒂娜（特纳）都会羡慕。像一双42英寸的腿（106厘米）！这些用环氧胶和9号钢丝或8号全螺纹制成的钢针连接在一起，直径约为5/32英寸。

① 决定每条腿的弯曲和位置。当金属别针被粘在适当的位置后，这些是相当难移动的，所以在固定时要尽可能弄紧。

② 在其中一块骨头的关节面上钻孔并放上两个金属别针。钻孔的深度为2英寸，直径为5/32英寸。环氧凝胶将这些金属别针牢固地黏合起来。等待胶水凝固（10分钟内）后弯曲凸出的别针，使它们相互平行。应该余留出大约2英寸的别针。

③ 把骨骼放在适当的位置，并且确定在哪里钻合适的孔。钻一个孔。现在测量一下金属别针分开的距离，从它们在第一块骨头里伸出来的地方至插入第二块骨头的钻孔处。考虑到钻头的直径，现在为第二个金属别针钻孔，这样它和第一孔就平行了。现在，骨头应该装配在一起了。

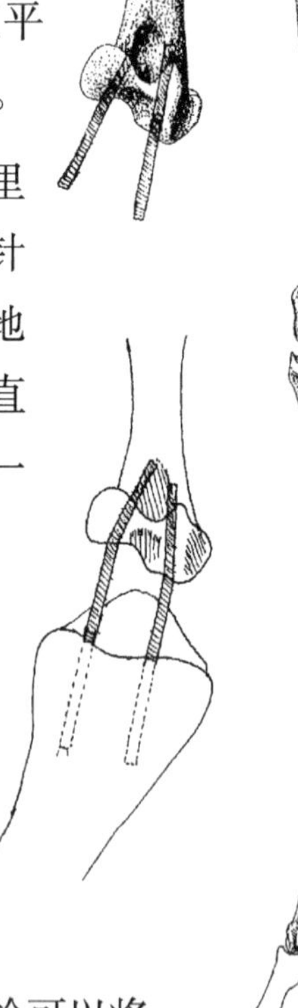

④ 当它们根据需要装配在一起时，使用环氧凝胶将金属针黏合到钻孔里。这样使用最少的金属或胶水，就能达到最大的强度。

右腿

⑤ 使用一段1/4英寸的螺栓可以将腿很好地固定在髋臼上。将螺栓粘在股骨头上，然后用一个垫圈和螺母就可以将其固定在骨盆中。

右腿

翼骨及处理方法

好吧，翅膀不多。普通的乌鸦有比鸸鹋更长的翼骨。然而，鸸鹋翅膀的末端是一个弯曲且锋利的爪子，这在鸟类世界中是罕见的。

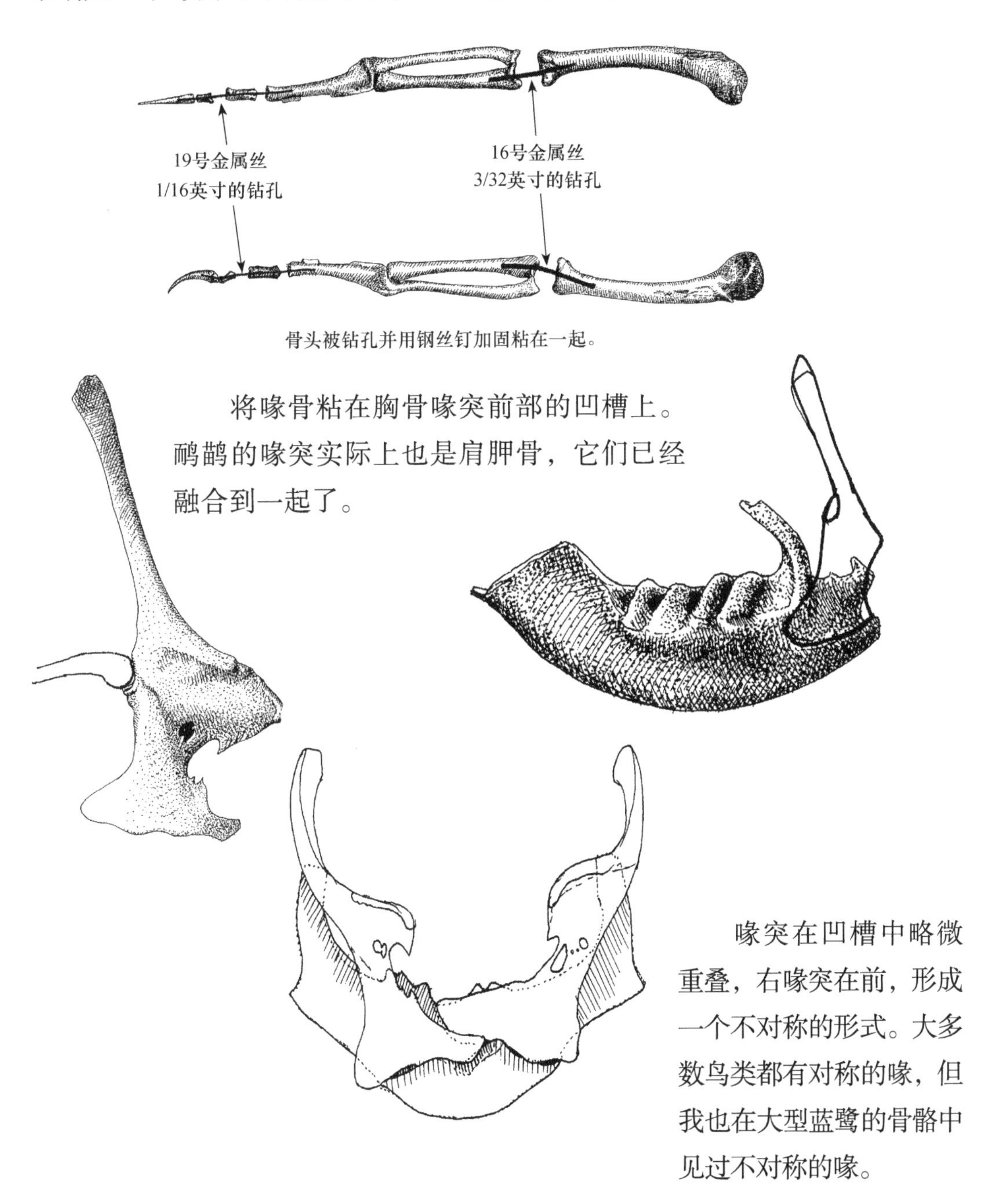

骨头被钻孔并用钢丝钉加固粘在一起。

将喙骨粘在胸骨喙突前部的凹槽上。鸸鹋的喙突实际上也是肩胛骨，它们已经融合到一起了。

喙突在凹槽中略微重叠，右喙突在前，形成一个不对称的形式。大多数鸟类都有对称的喙，但我也在大型蓝鹭的骨骼中见过不对称的喙。

颈部及尾部

预先弯曲金属杆，以形成颈部的曲线。肋骨部分保持相当平直的状态。一根直径为1/4英寸的金属杆从第八颈椎一直延伸到骨盆，在那里它被嵌入并粘在一个1/4英寸的钻孔中。从椎骨顶端深入金属杆，用环氧凝胶将前几节腰椎和胸椎粘在盆骨上，或者把它们彼此粘在一起。这样可以达到支撑金属杆的目的，从而支撑起颈部。当开始连接颈椎时，我开始用少量的热熔胶将颈椎固定在一起。这可以把它支撑起来，但颈部仍然可以在之后进行调整或弯曲。这种热熔胶不像其他胶水那样坚硬。在这个过程中，小心保持椎骨是对齐的。这个过程进行得很快，看到骨骼连接的进展是非常有成就感的。

这只鸟有19节颈椎、9节胸椎和5节尾椎骨。一些骨头可能遗失了。

将尾部粘在适当的位置。在骨盆后部钻一个直径为1/8英寸的洞，然后把尾椎骨已经穿好的金属杆（见下一页）粘在适当的位置。

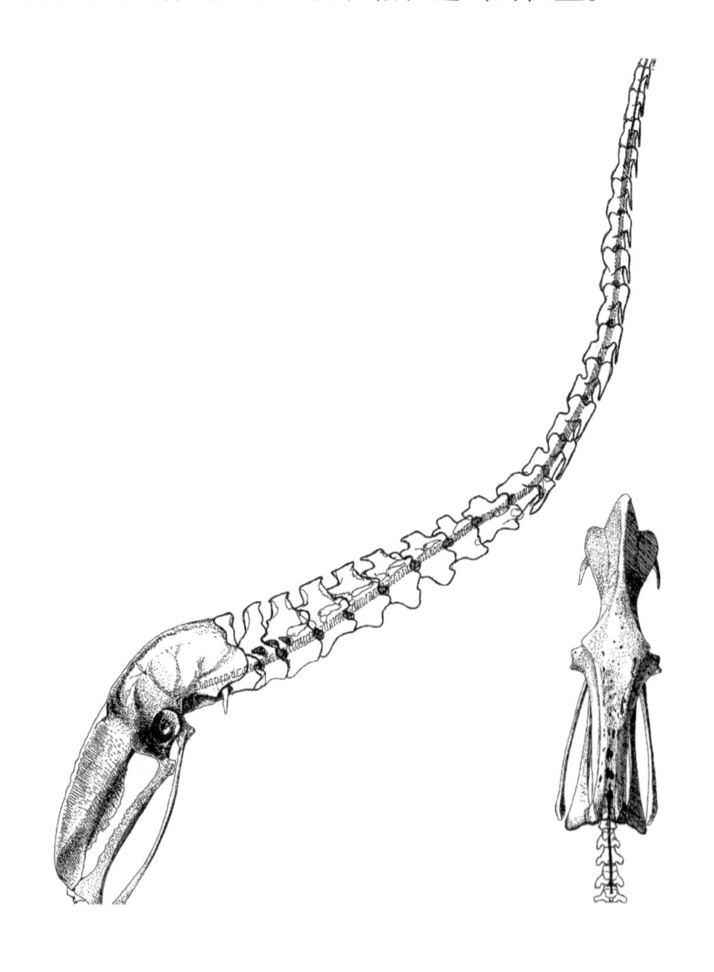

头部和臀部

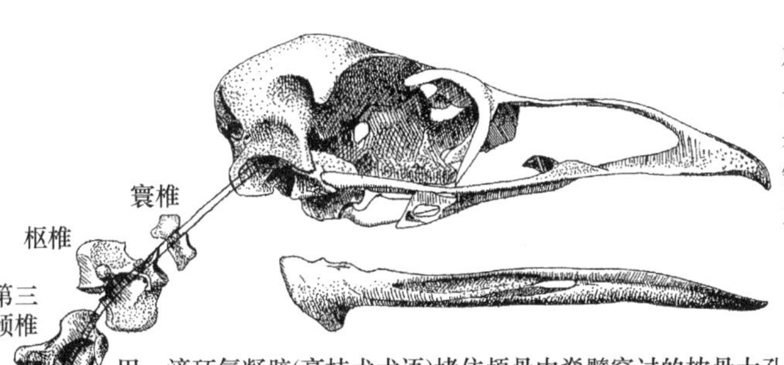

对于这样一种巨大的鸟来说，鹈鹕的头并不比鹰的头大多少。这具6磅重的铰接式骨架的头骨重量约为1盎司*。

用一滴环氧凝胶(高技术术语)堵住颅骨中脊髓穿过的枕骨大孔。当胶水变干时，在脊髓孔上钻一个直径为1/8英寸的孔，穿过环氧树脂塞，到大脑空腔。或者用一个环氧黏土球也会很有效果。

用环氧树脂将寰椎和枢椎牢固地黏合在头骨背面，并把它们黏合在一起。

一根直径为1/4英寸的全螺纹钢棒从骨盆穿过脊椎管，直到能轻易穿过最后一块椎骨。靠近头部的椎管变得越来越小，所以用一根更小的杆穿过椎管进入颅骨。

使用6号全螺纹杆（直径约1/8英寸)。它被粘在一个孔里，孔中需要钻入1/4英寸全螺纹杆的末端。
使用一个锋利的钻头并且在孔中加入一点油使它更容易钻。钻床或台钳有助于钻孔。

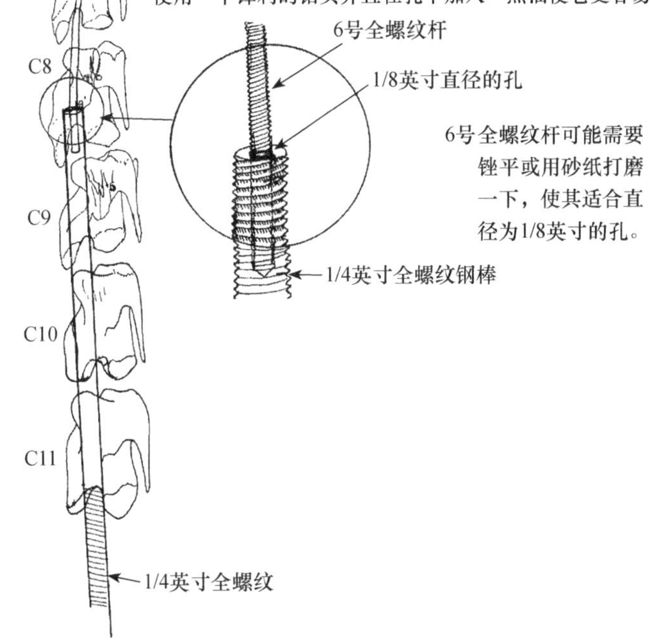

6号全螺纹杆可能需要锉平或用砂纸打磨一下，使其适合直径为1/8英寸的孔。

尾部

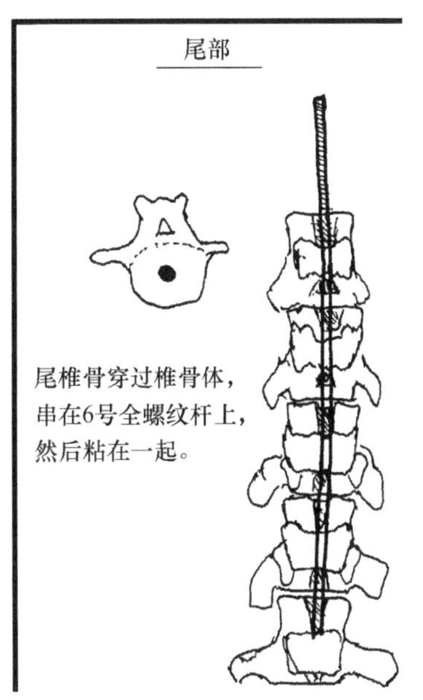

尾椎骨穿过椎骨体，串在6号全螺纹杆上，然后粘在一起。

* 1盎司=28.35克

鸸鹋肋骨

这只鸟有九对游离的肋骨和一对融合在第一节椎骨上的肋骨，融合在椎骨上的肋骨构成骨盆的一小部分。前三对肋骨是颈椎肋骨，只附着在最后三块颈椎骨上。接下来的五对是连接到胸骨的两部分肋骨。胸骨的前四根肋骨固定在胸骨的肋骨面上。第五根（B8）试图与B7合并，但没有连接在胸骨上。

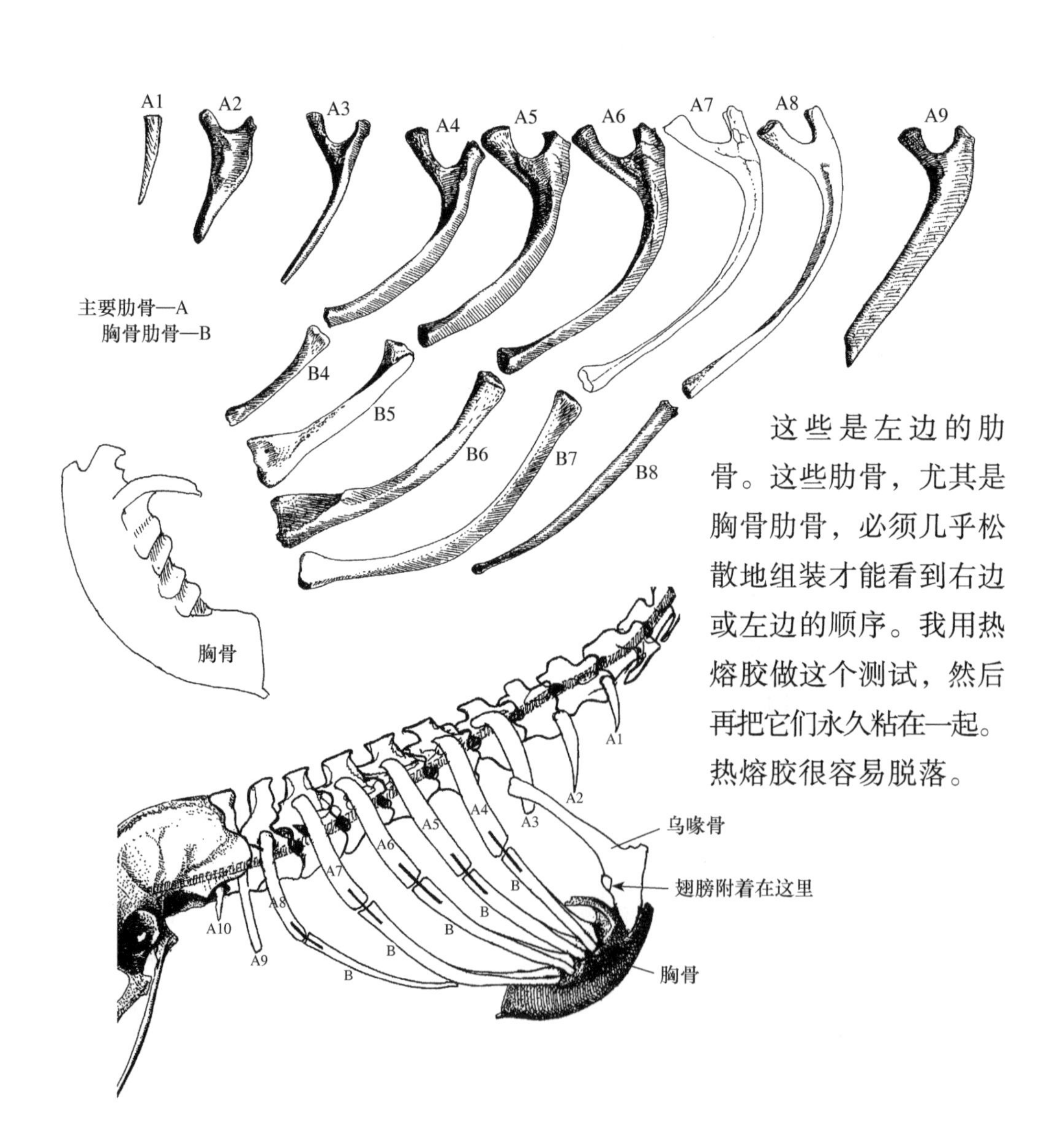

这些是左边的肋骨。这些肋骨，尤其是胸骨肋骨，必须几乎松散地组装才能看到右边或左边的顺序。我用热熔胶做这个测试，然后再把它们永久粘在一起。热熔胶很容易脱落。

完成及展示

当组装完成的时候，大鸟被一分为三（我后来把脖子分成四块，便于运输）。腿用螺母、螺栓和垫圈固定在髋臼处，螺栓是1/4英寸的全螺纹零件，粘在股骨头上。腿会在凹槽中转动，需要支撑。

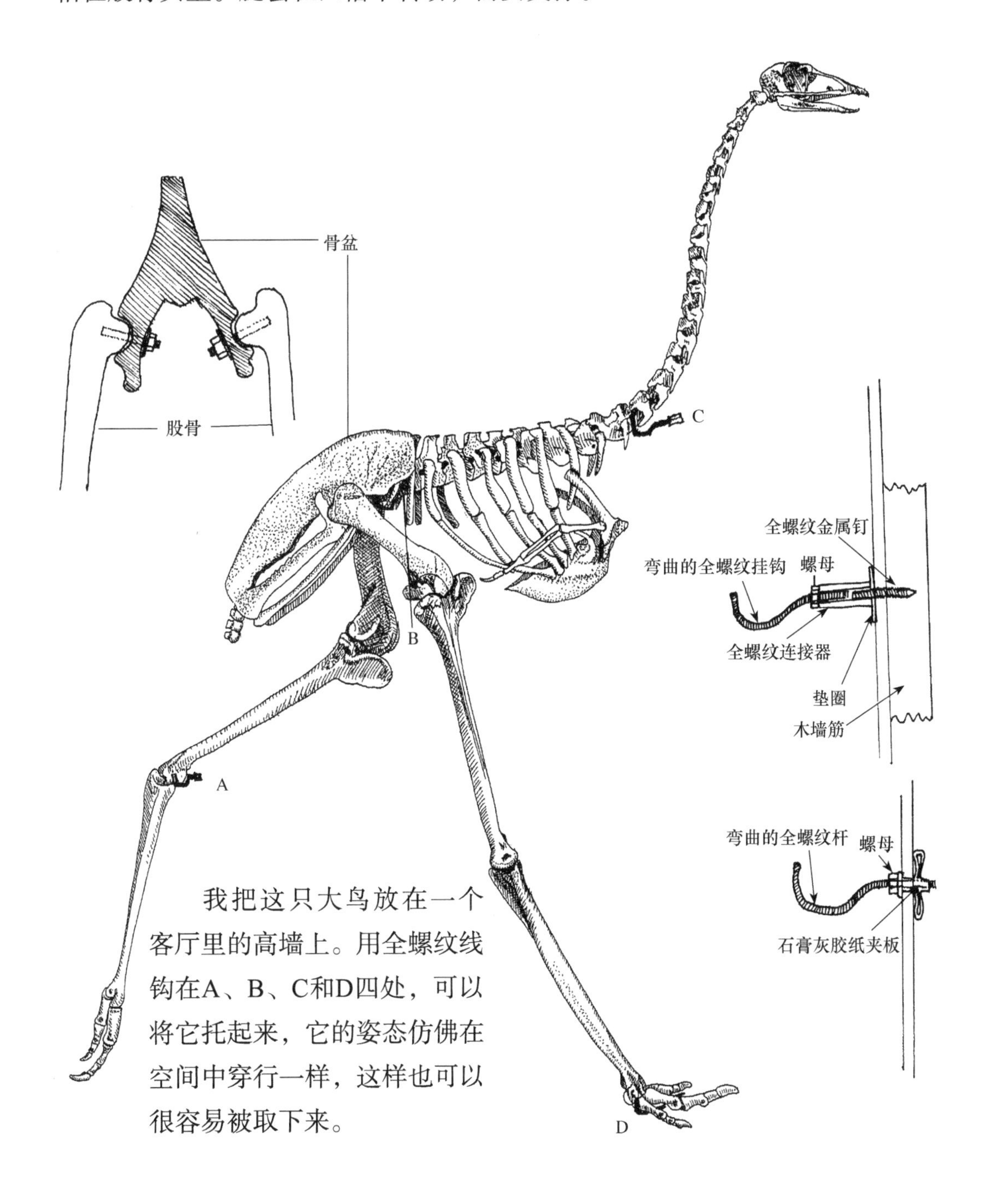

我把这只大鸟放在一个客厅里的高墙上。用全螺纹线钩在A、B、C和D四处，可以将它托起来，它的姿态仿佛在空间中穿行一样，这样也可以很容易被取下来。

骨骼鉴定指南

有一年夏天，我在阿拉斯加霍默附近的考古打捞处做志愿者时，开始了与鸟类骨骼有关的工作。从垃圾堆中挖出了数百块鸟类骨头。我花了一个冬天的时间来努力鉴定这些骨头的代表性样本。一开始我甚至不知道这些骨头是鸟类还是哺乳动物的。之后，对这些鸟骨进行分类是比较困难的工作，弄清楚骨头是从哪里来的，又叫什么名字。接下来的挑战是将骨头左右分开，并计算出鸟的最小个体数。最后，我必须试着按物种来识别它们。下一部分的信息将使我作为一个鸟骨初学者完成这个项目变得容易得多。

在研究了多年海洋哺乳动物的骨骼之后，我发现鸟类骨骼的神奇和迷人之处真是一件乐事。这些骨骼经常是如此模糊和不精确，以至于需要进行DNA分析才能确定其中的一些。它们是如此得小巧精致，却又如此精确而完美。这些骨骼拥有足够轻的重量来飞行，看起来像是高强度的最新高科技工程原理——拱门和支柱，穹顶和柱子，支撑结构和蜂巢结构，圆形切口和加强部分，以及在受力点有双对接壁厚度的空心管。很难想出一种工程实践没有被鸟类世界所采纳，其中许多特征在鸟类骨骼系统中显而易见。根据其生活方式的确切结构要求，每个物种的每个骨骼的蓝图都略有不同。但是，该物种的每个个体又都遵循该蓝图，其准确性将使现代机械师羡慕不已。

这个指南应该能让人们从小型哺乳动物的骨头中分辨出鸟类的骨头。它还可以作为确定骨骼的解剖学部位名称（即桡骨、尺骨、胫跗关节等）和确定骨骼属于身体的哪一边（即桡骨左右、胫跗关节左右等）的指南。这是鸟类骨骼学的另一个方面，尽管它对确定骨头来自哪种鸟类没有太大的帮助，但是我会继续努力的。

头 骨

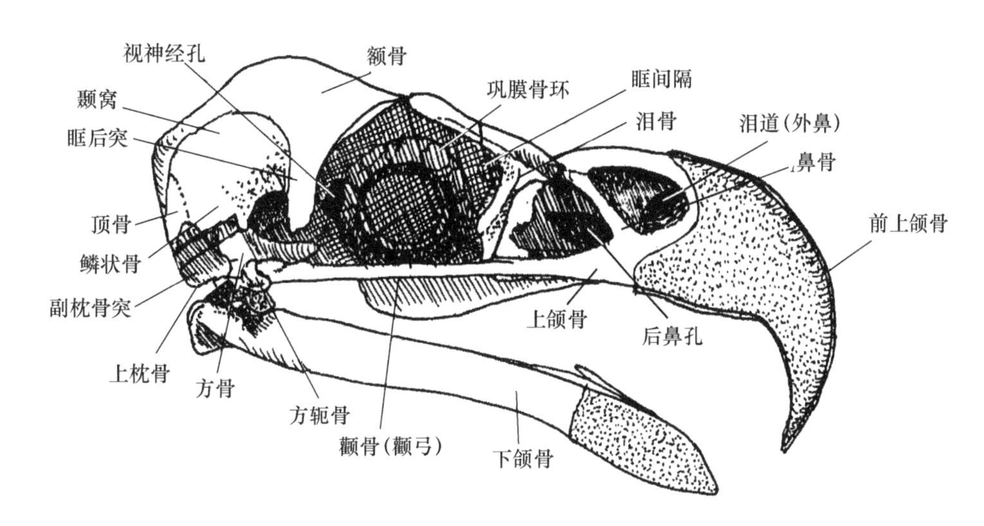
视神经孔
额骨
颞窝
巩膜骨环
眶间隔
眶后突
泪骨
泪道(外鼻)
鼻骨
前上颌骨
顶骨
鳞状骨
副枕骨突
上颌骨
后鼻孔
上枕骨
方骨
方轭骨
颧骨(颧弓)
下颌骨

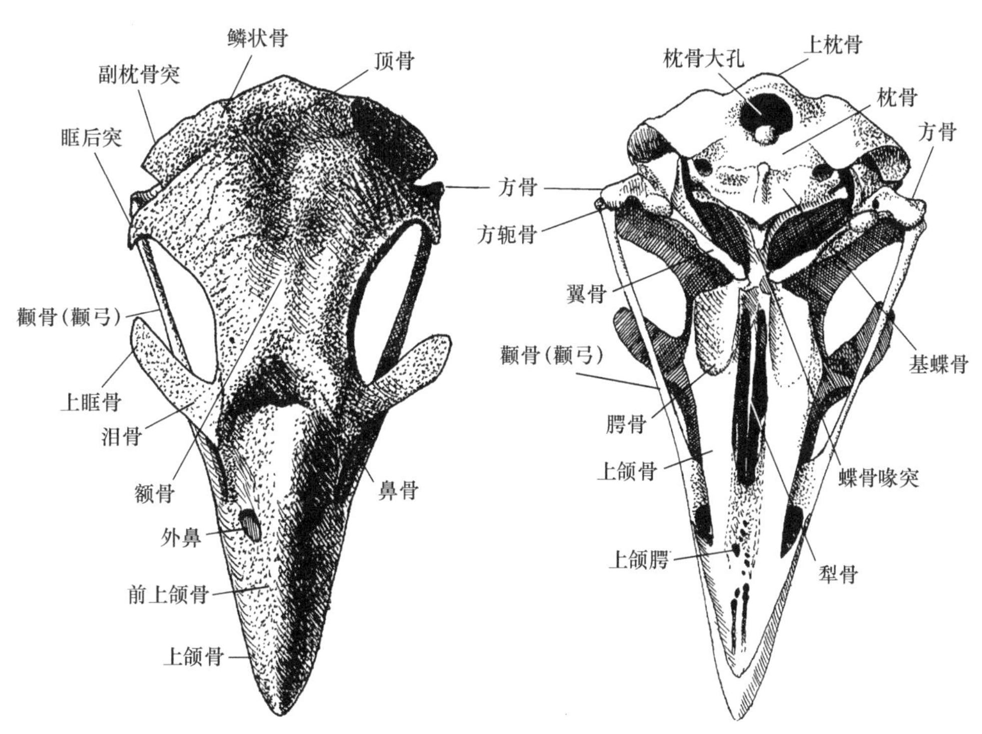
鳞状骨
顶骨
副枕骨突
眶后突
颧骨(颧弓)
上眶骨
泪骨
额骨
鼻骨
外鼻
前上颌骨
上颌骨
枕骨大孔
上枕骨
枕骨
方骨
方骨
方轭骨
翼骨
颧骨(颧弓)
基蝶骨
腭骨
上颌骨
蝶骨喙突
上颌腭
犁骨

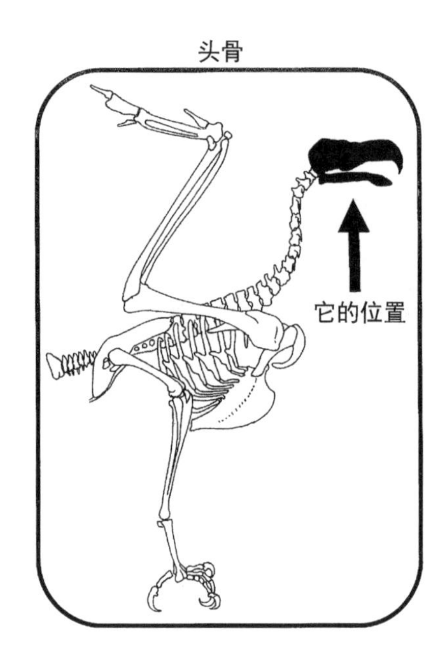

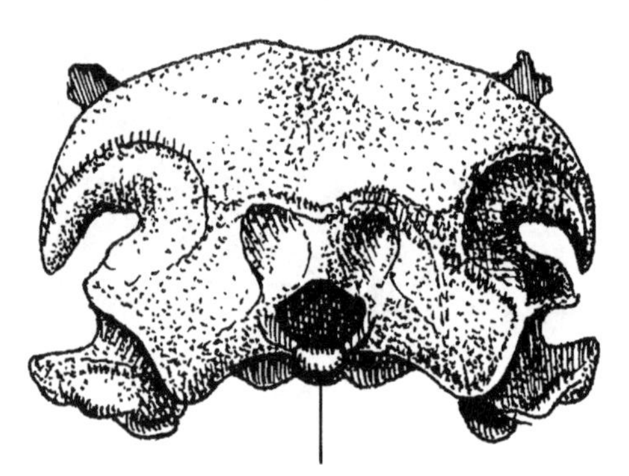

鸟类的枕骨髁位于枕骨大孔下方，呈球形

头骨的前部——喙和牙齿，很容易区分鸟类或哺乳动物。对于只保留头骨后部的标本，确定它是来自鸟类还是小型哺乳动物的头骨有点棘手。

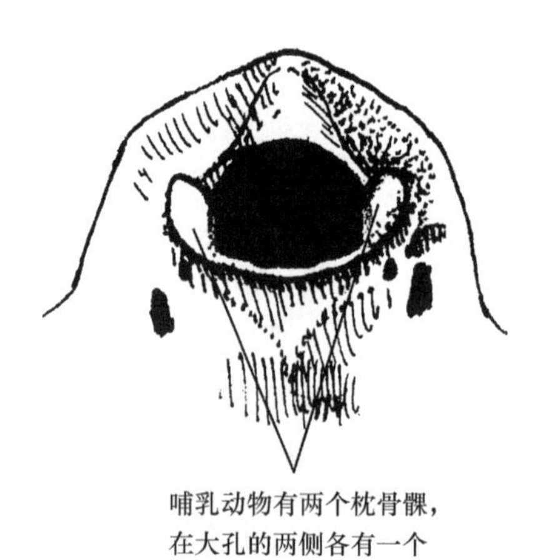
哺乳动物有两个枕骨髁，在大孔的两侧各有一个

科　普

鹰头骨：长130毫米、20克、少于1盎司

狐狸头骨：长130毫米、60克、2盎司

海狸头骨：长130毫米、310克、7.5盎司

鸺鹠的头骨后面有一块骨头，多余的颚肌可以固定在上面，增加颚部的力量。

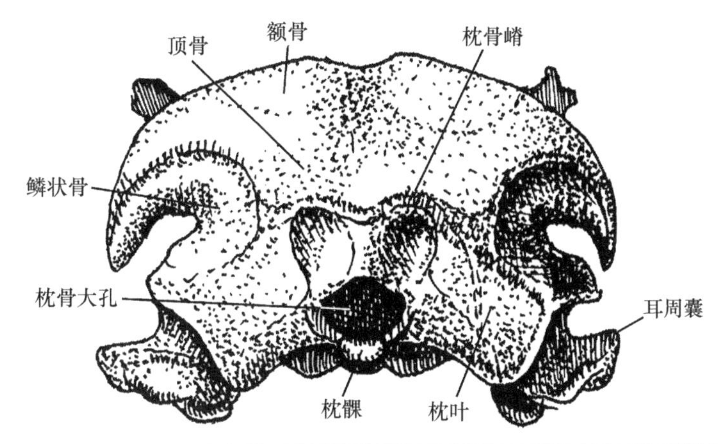

寰椎

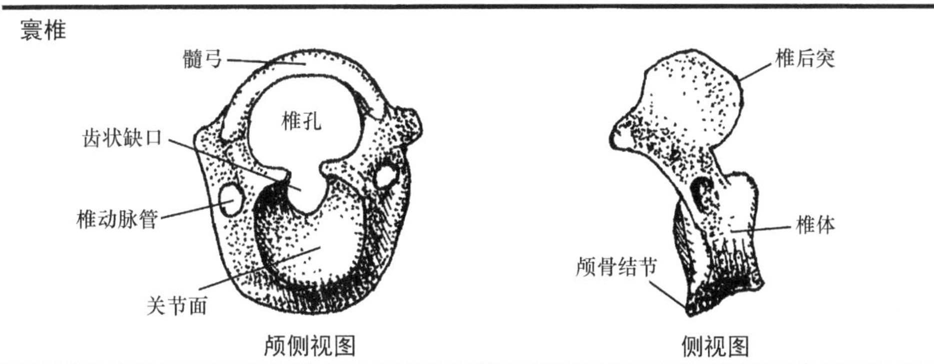

颅侧视图　　侧视图

枢椎

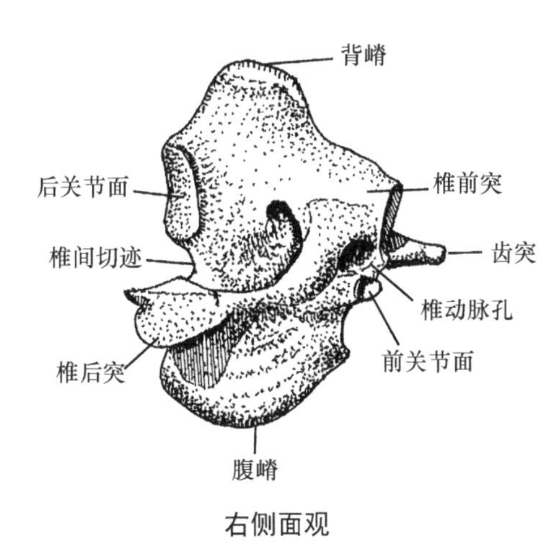

右侧面观

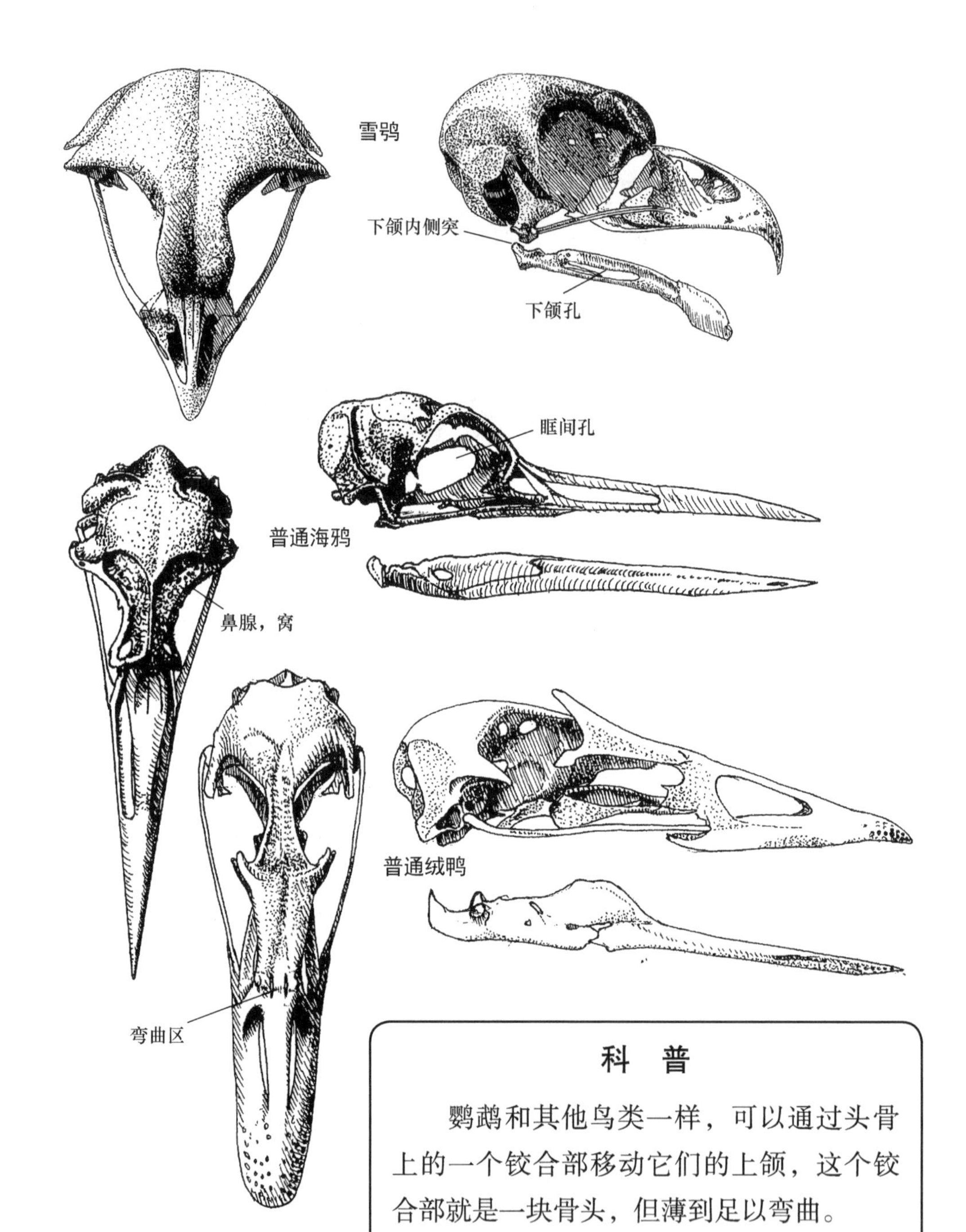

科　普

鹦鹉和其他鸟类一样，可以通过头骨上的一个铰合部移动它们的上颌，这个铰合部就是一块骨头，但薄到足以弯曲。

猫头鹰的耳孔通常不对称，一个比另一个高，这有助于它们辨明微小噪声的来源。

椎　　骨

鸟类的大多数椎骨是颈椎（颈部）。部分胸椎、所有的腰椎、所有的骶椎和一些尾部椎骨融合成一个骨盆单元。鸟类的椎骨很轻，它们就像一个中空的蜂巢，包裹着一层骨皮。它们与小型哺乳类椎骨的不同之处在于椎体前侧及后侧关节面的形状有很大的不同。鸟类的脊椎通常有尖锐的翼和突出的棘。

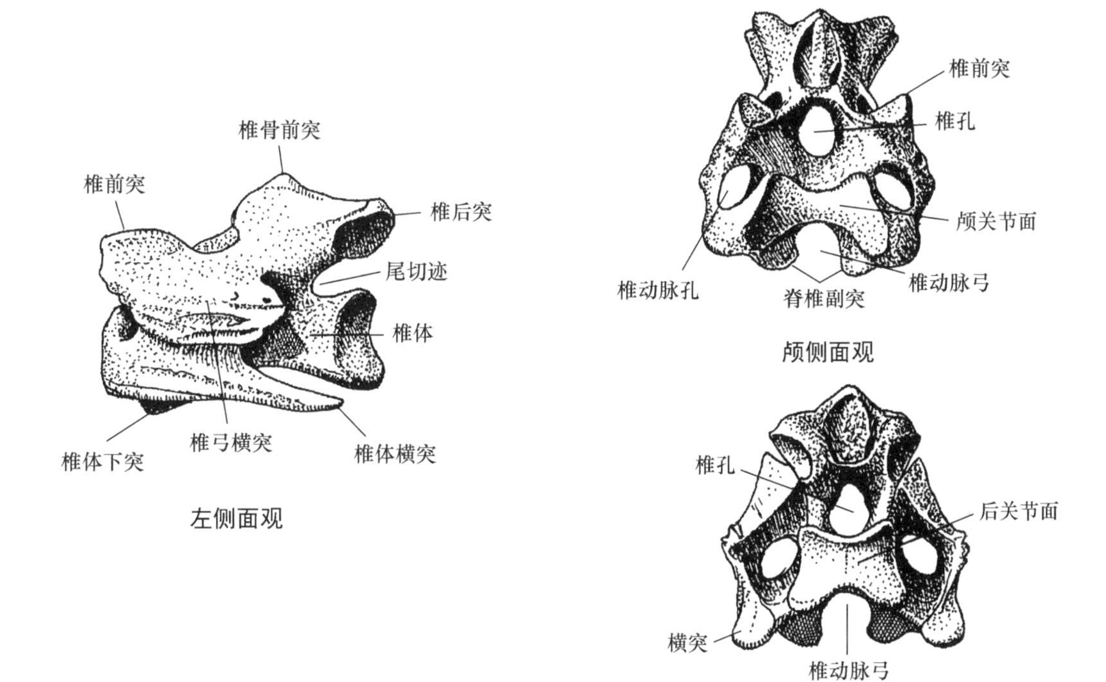

左侧面观

颅侧面观

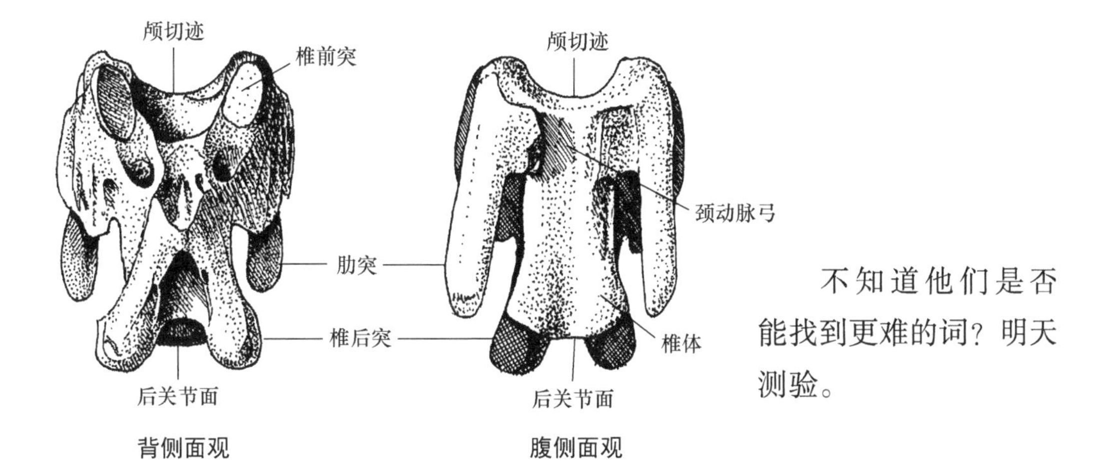

背侧面观

腹侧面观

不知道他们是否能找到更难的词？明天测验。

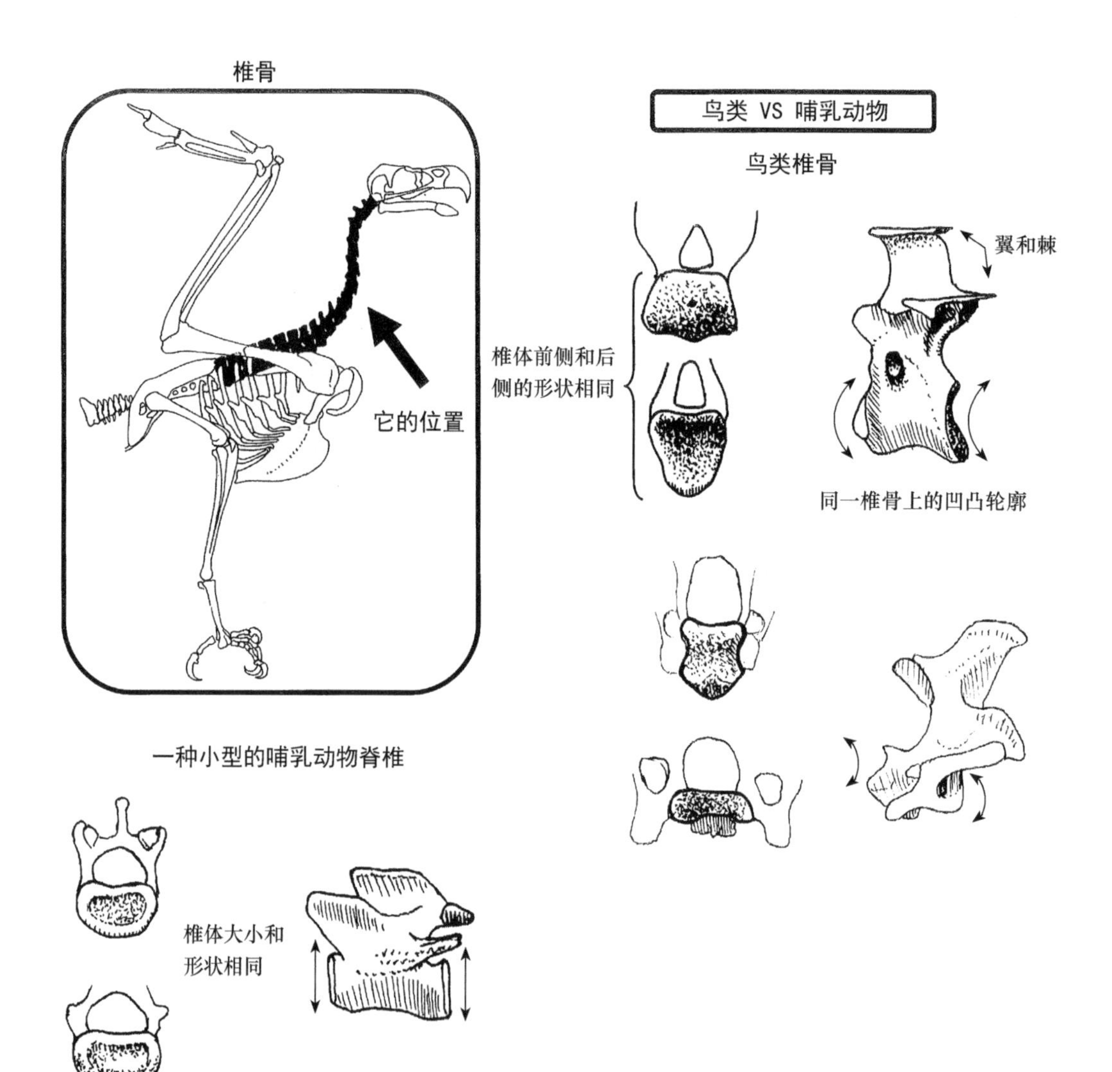

科　普

鸟类共有 39—63 节椎骨，许多是融合在一起的。天鹅拥有的椎骨数量最多，有些鸟类只有 11 节颈椎，而天鹅却多达 25 节。相比之下，老鼠、人和长颈鹿都有 7 节颈椎。

鸟尾部的尾综骨包含了 4—9 节游离的尾椎骨，它由将近 10 节椎骨融合在一起。

骨 盆 带

骨盆带是由骨盆骨、几种椎骨和肋骨组成的融合块。它有时被认为看起来像一只奇怪的海鸥，髋臼被误认为是眼窝。骨盆是自然界的经典例子，它使用支柱和拱门的原理以最小的重量制造出惊人的坚固结构。

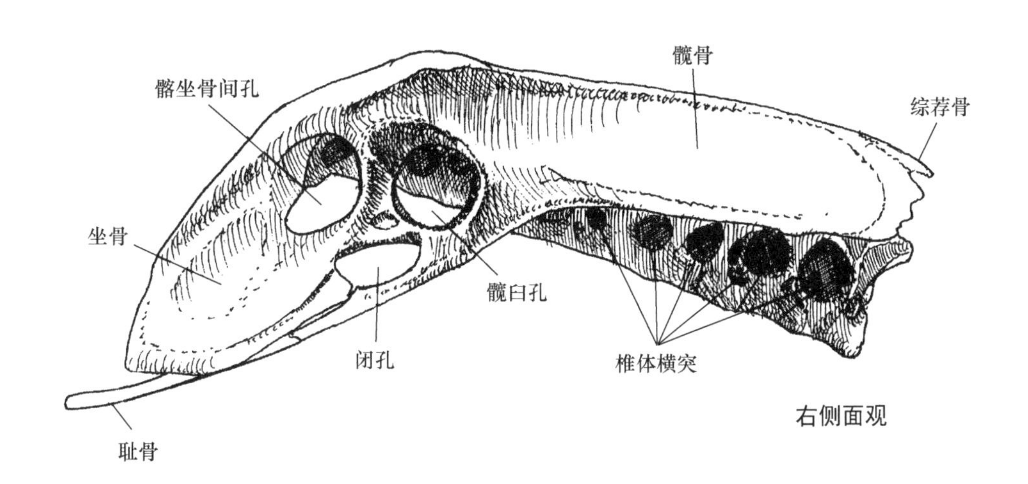

右侧面观

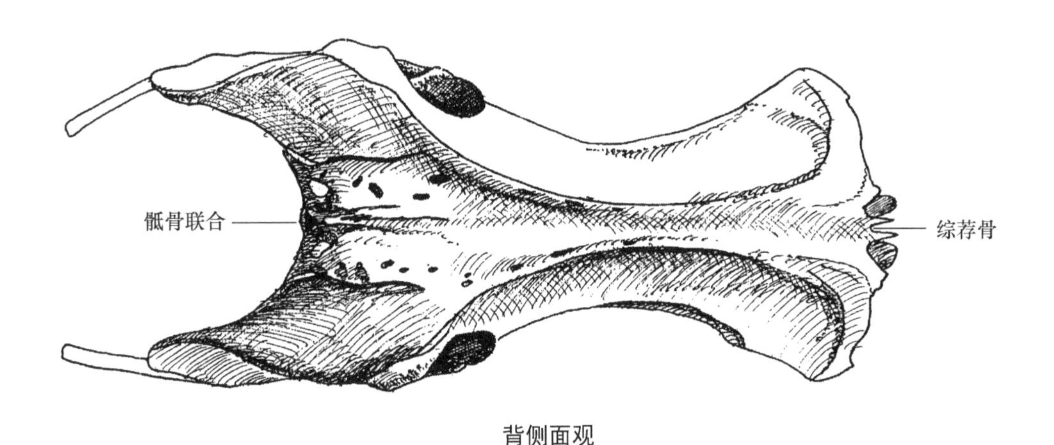

背侧面观

科 普

在骨盆带的中心处，三节腰椎、七节骶椎和六节尾椎骨融合在一起构成了联合骶骨。其他鸟类可能由更多或更少的骨头融合在一起组成这个单元。

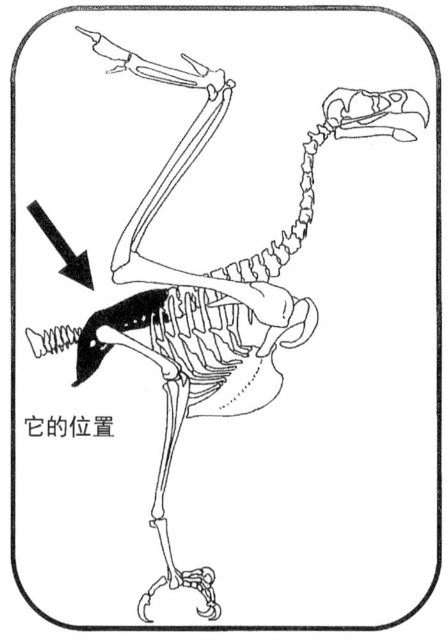

鸟类 VS 哺乳动物

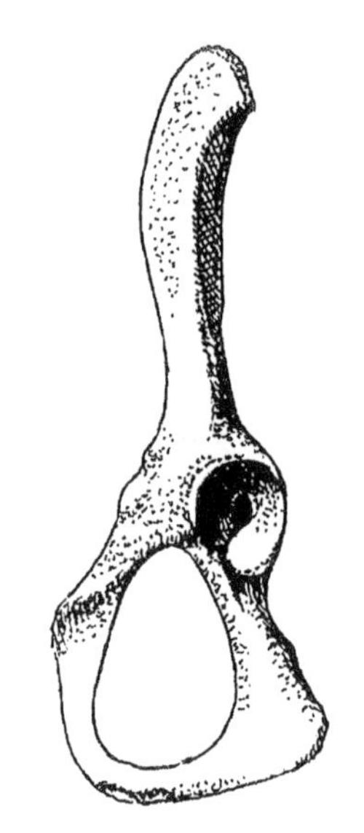

哺乳动物骨盆（土拨鼠）

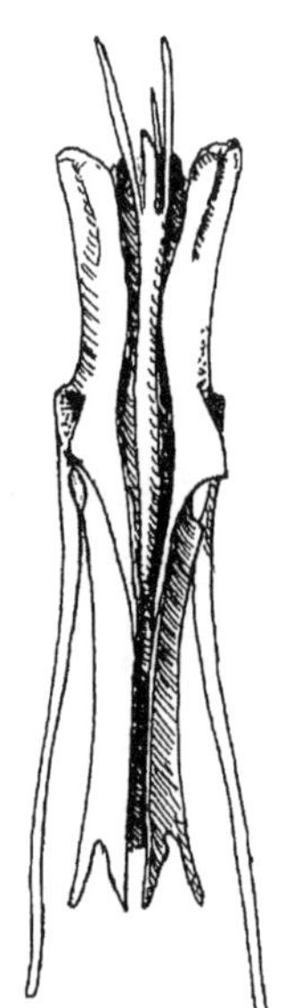

科　普

骨盆带的大小和形状因鸟类的不同而有很大的不同。

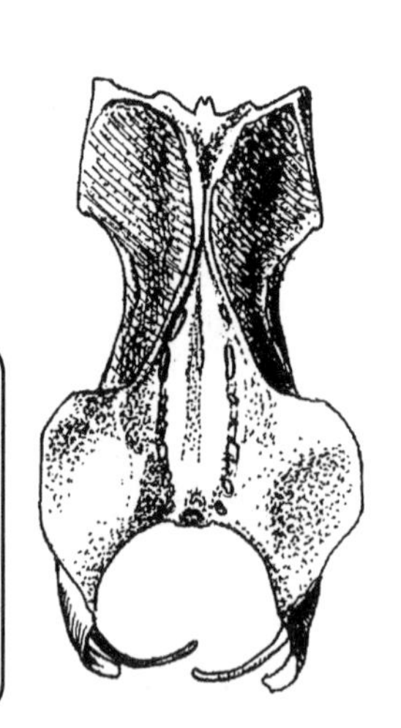

红颈䴙䴘　　　雪鸮

肋　骨

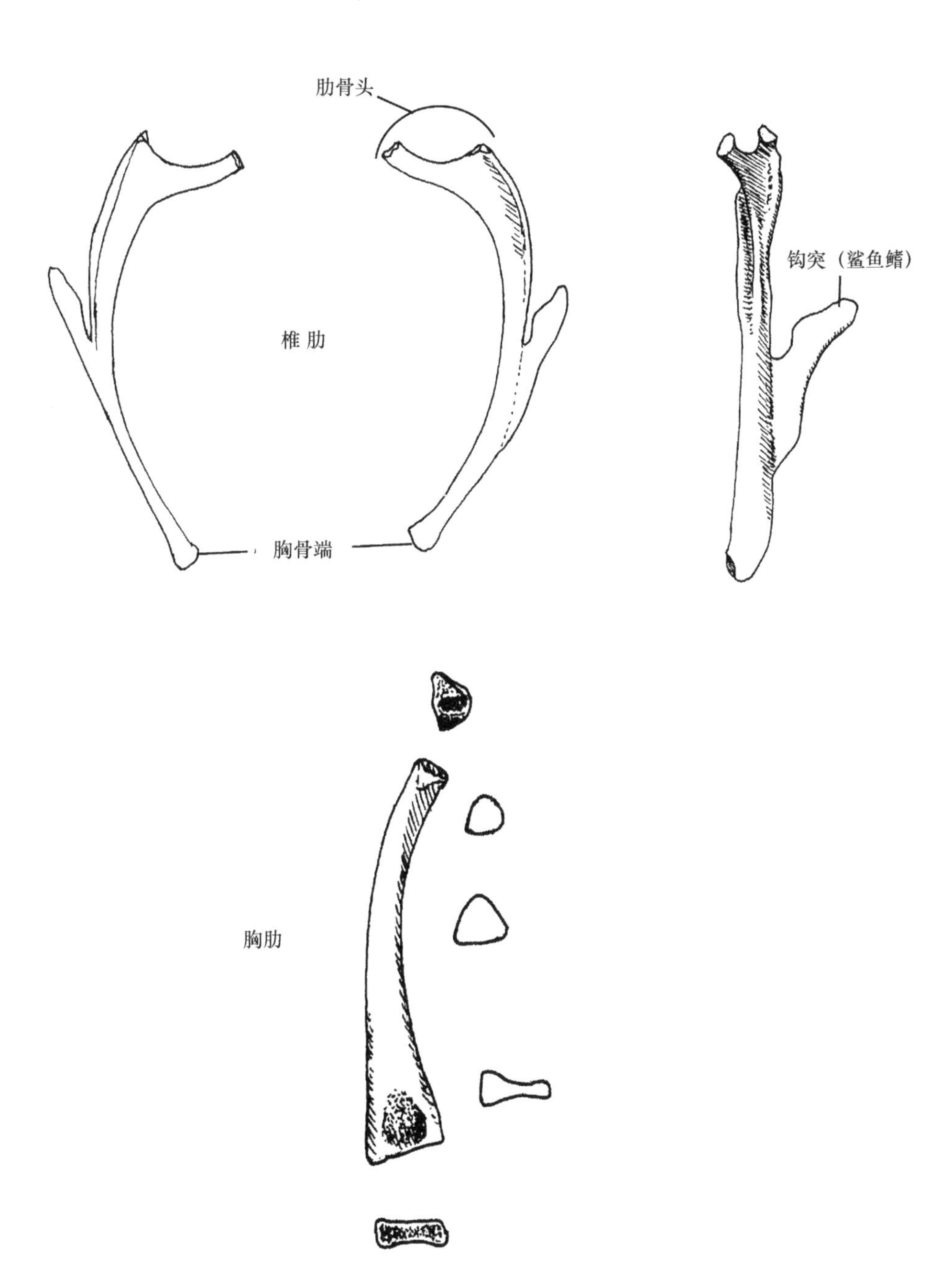

科　普

只有雁形目没有肋骨上的钩突。摘自*The Unfeathered Bird*。

肋骨

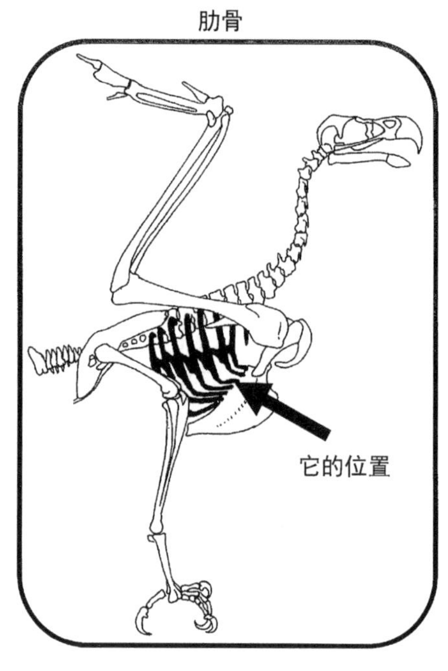

鸟类 VS 哺乳动物

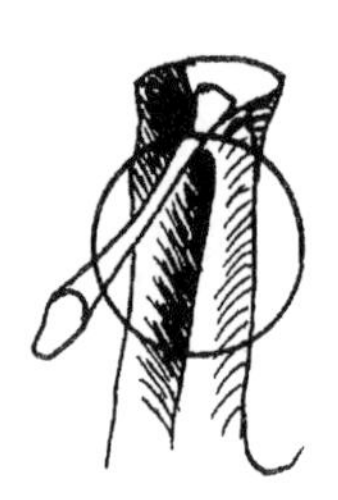

许多鸟的肋骨头端采用T形梁原理，以更加有效地获得额外的力量和更轻的重量。

哺乳动物的肋骨在横截面上比鸟肋骨更圆，或椭圆形，或花生形状，而鸟肋骨通常是扁平的。

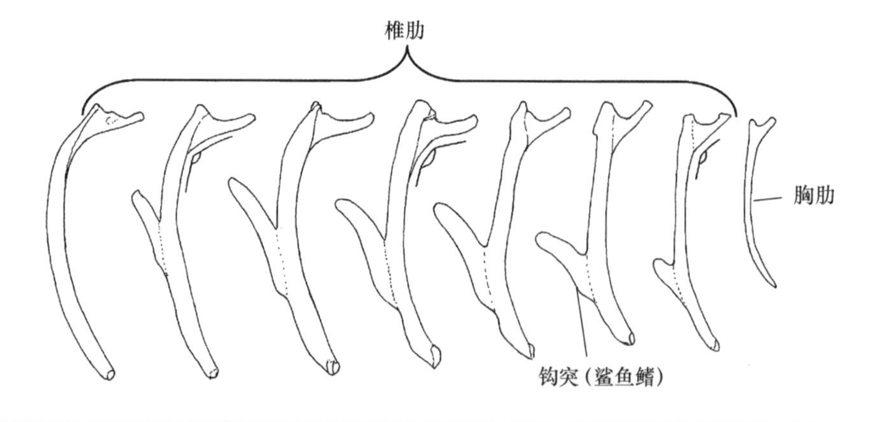

科　普

鸟类有三到九对肋骨，它们是扁平的，有钩突。
哺乳动物肋骨没有钩突或明显的T形梁横截面。

胸　　骨

胸骨，又称龙骨或胸叉骨，是用来固定强有力的翅膀肌肉的锚。它通常是一个巨大的、中空的、薄壁、船身形状的骨头，中间有龙骨，也可以想象它看起来像某种类型的头盔。

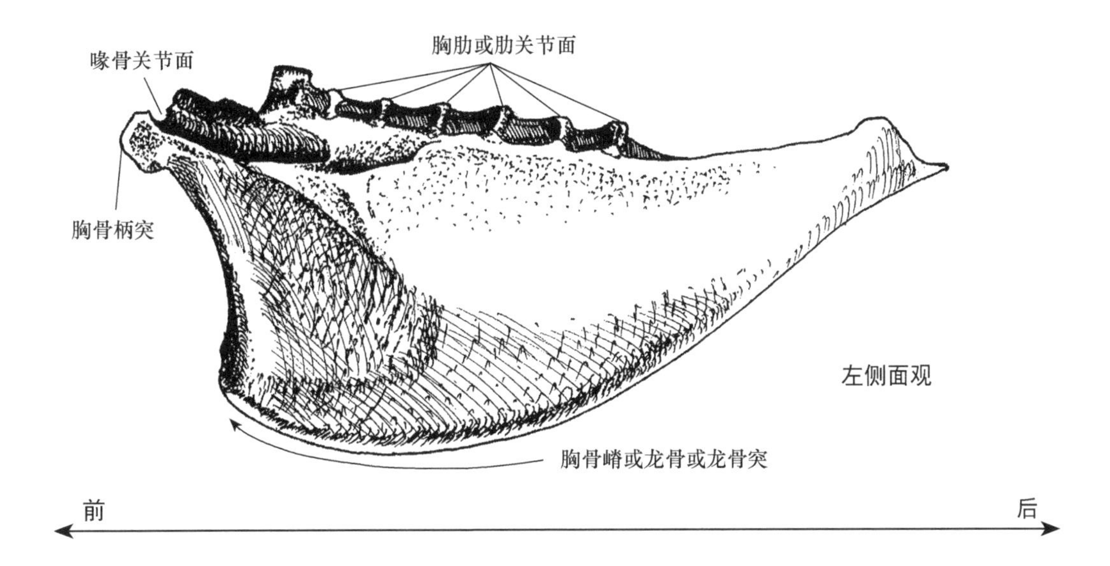

左侧面观

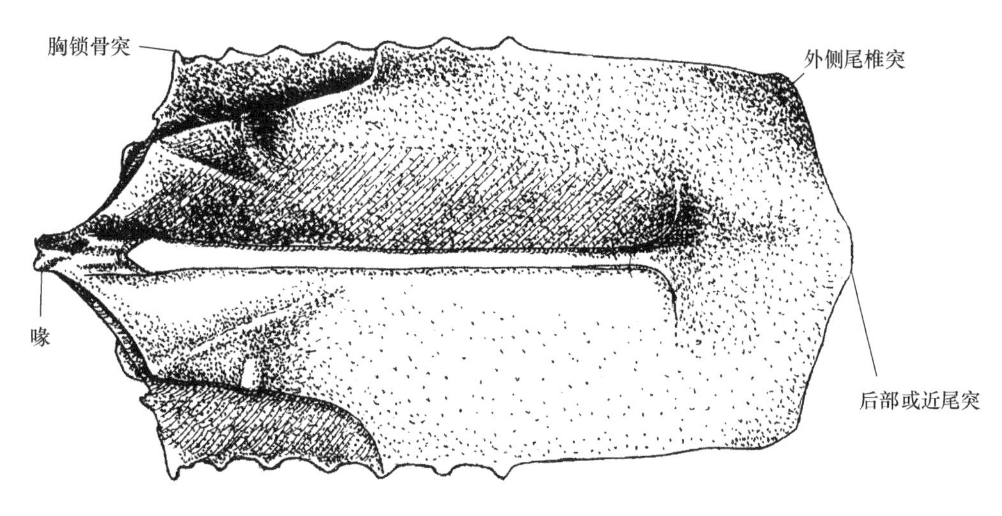

腹侧面观

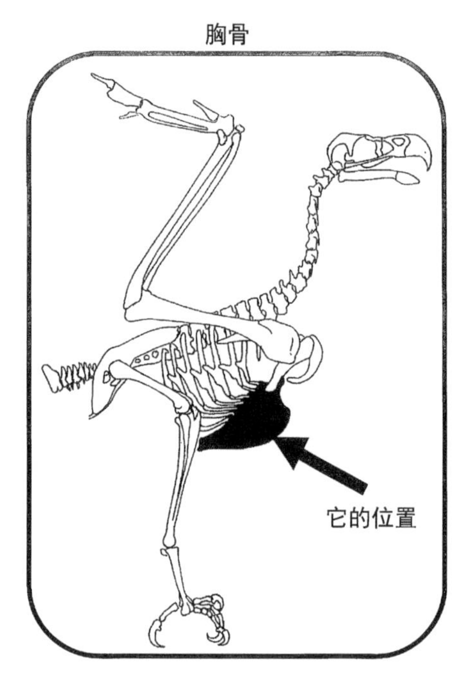

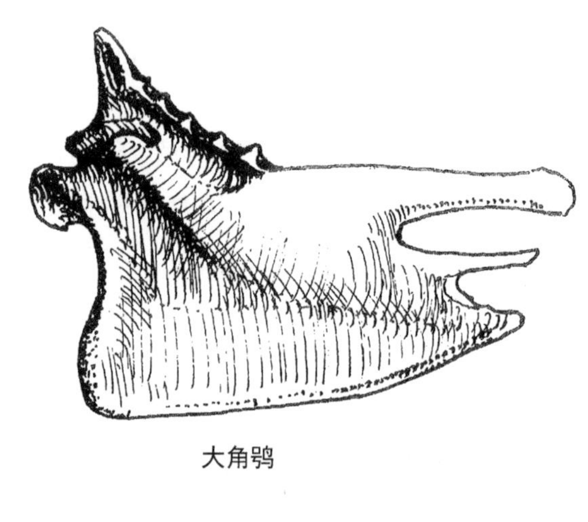

大角鸮

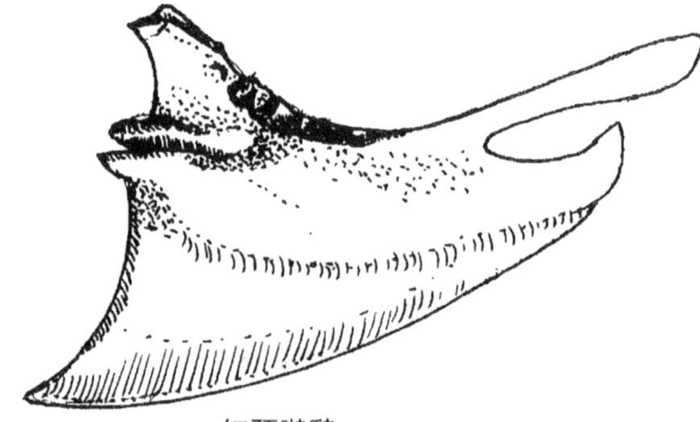

红颈䴙䴘

把鸟的胸骨想象成帆船的船体，有些帆船（鸟的胸骨）看起来比其他鸟快得多。

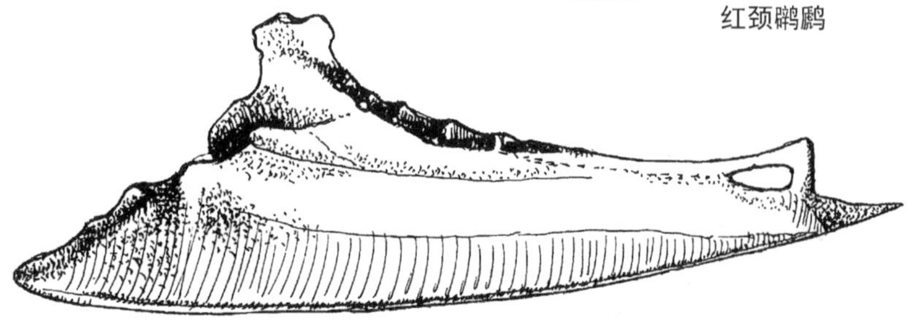

普通秋沙鸭

科　普

飞鸟的胸骨上有一个轮廓分明的龙骨状骨脊。不会飞的鸟，不需要强壮的飞行肌肉，通常在胸骨上没有龙骨。胸骨的下面通常是光滑的、圆形的。然而，企鹅有龙骨，因为它们在水下“飞行”。

天鹅、鹤和天堂鸟在胸骨的前部有一个中空的区域，有一根额外的气管缠绕在里面。这种延长的长度有助于它们发出响亮的叫声。

乌 喙 骨

乌喙骨是连接胸骨和翅膀的支柱。它的形状是三角形的，基部宽而扁平，顶端是一种圆形的旋钮，中间的骨体通常是扭曲的。

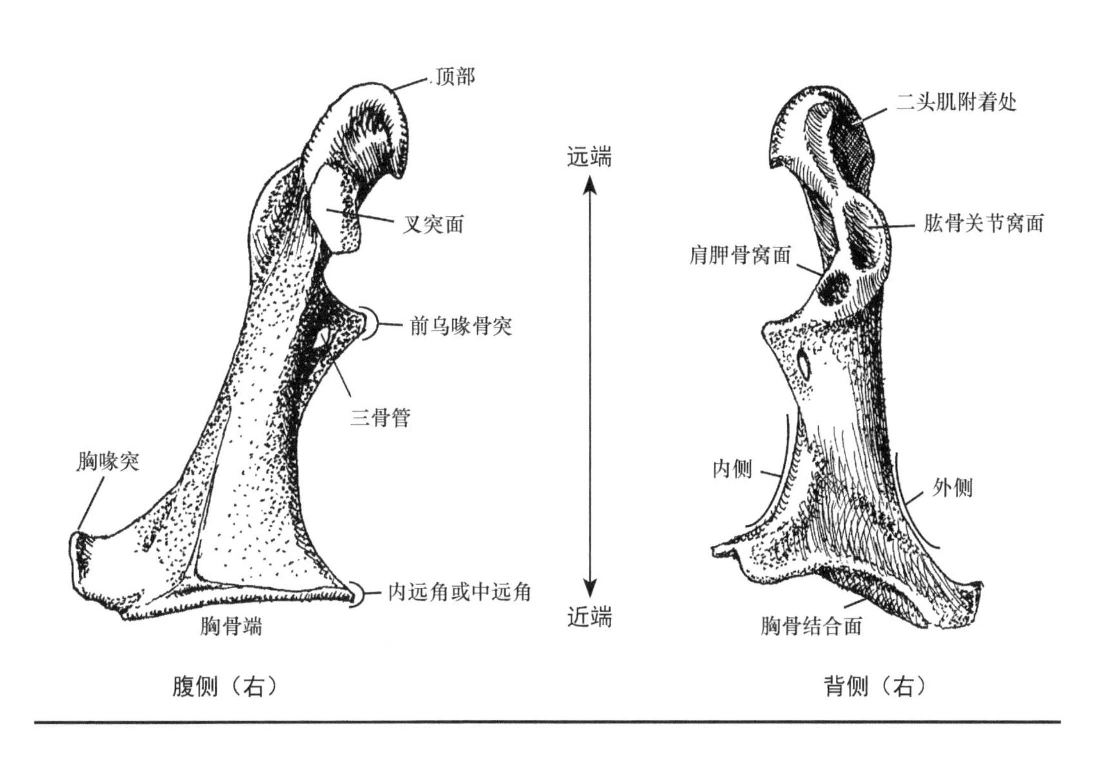

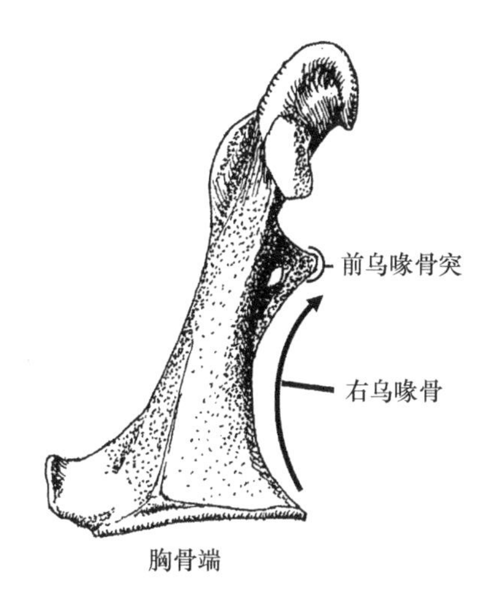

方位辨别

放好骨头，胸骨端朝下，胸骨远端朝上，胸骨面朝外。在这个位置，前乌喙骨突指向骨骼所在的方向。

乌喙骨

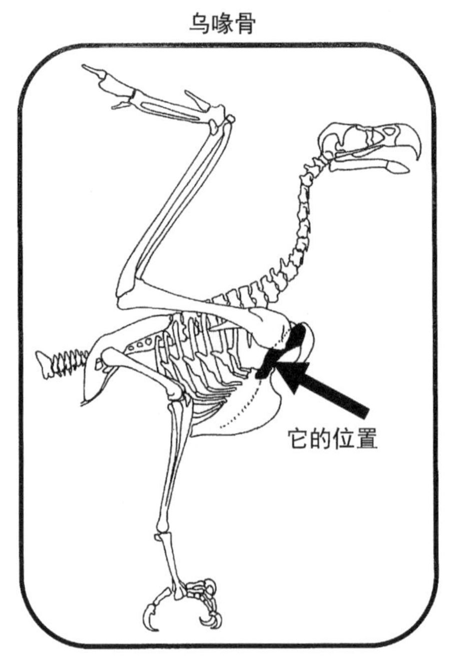

在被确认为是海鸦的乌喙骨之前，它被误认为是猎犬的骨头。

普通海鸦

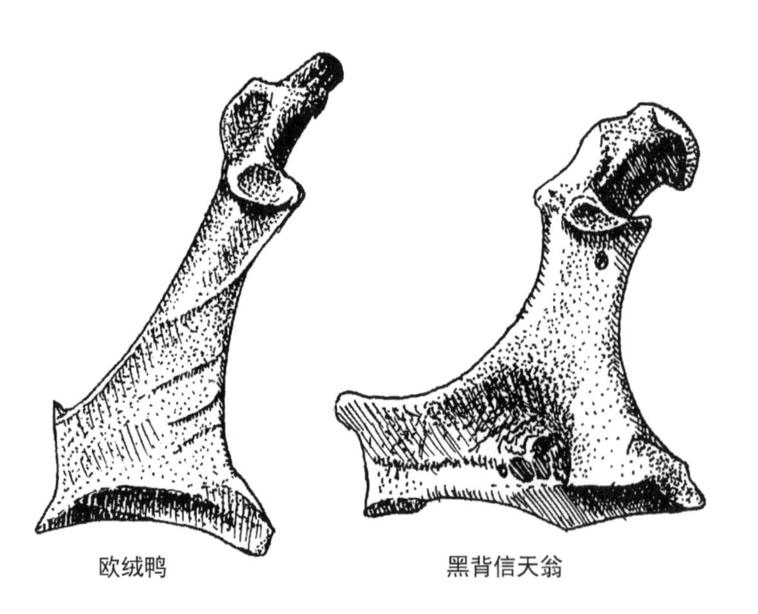

欧绒鸭　　黑背信天翁

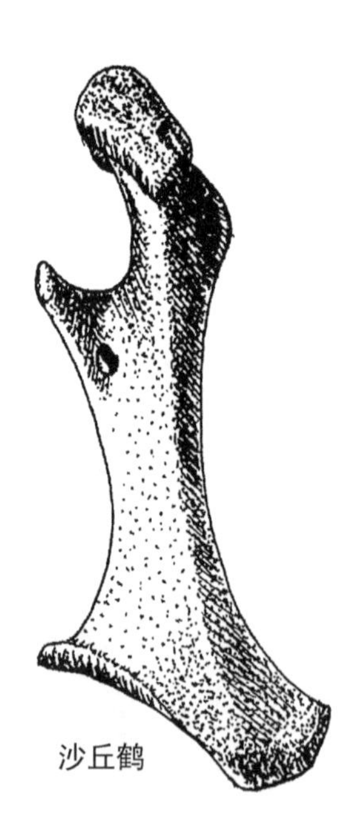

沙丘鹤

科　普

哺乳动物的等效骨是肩胛骨的喙突。

叉　　突

叉突又称叉骨（非科学术语）。它的形状从一个深的“V”到一个宽的“W”到一个浅的“C”。乍一看，它就像没有牙齿的颚骨。

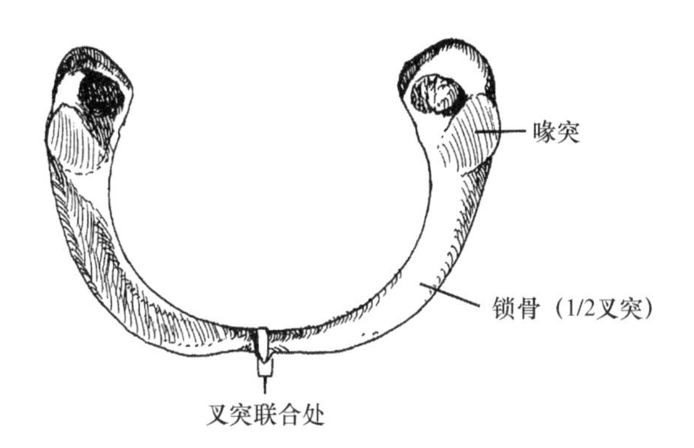

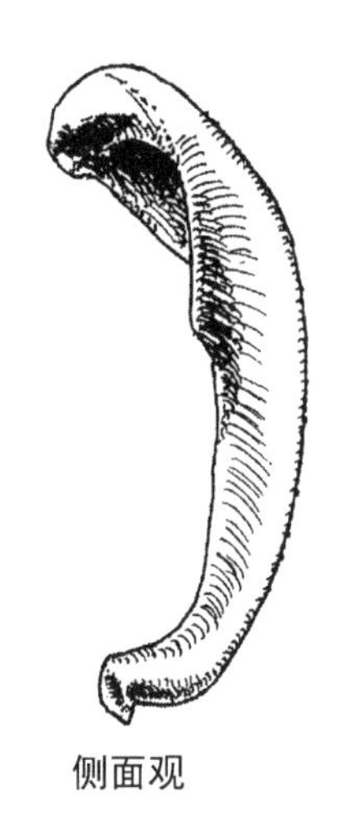

侧面观

科　普

鹈鹕和军舰鸟的叉突融合在胸骨的龙骨上。

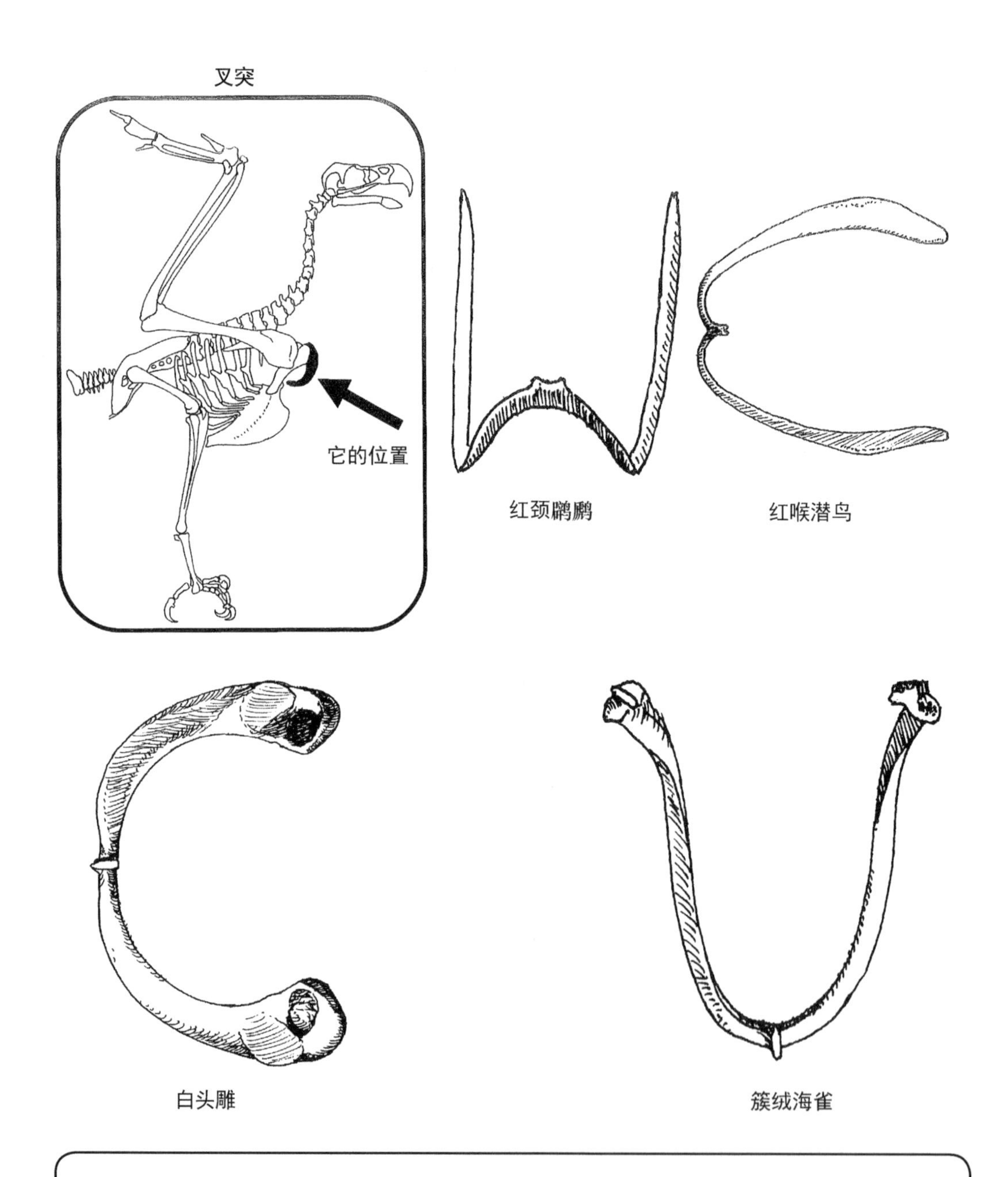

科　普

对飞鸟的X射线摄影显示，叉突是一个不断弯曲的骨骼，在飞行中支撑翅膀。鸟的叉突实际上等同于哺乳动物已经融合在一起的锁骨。

肩 胛 骨

鸟的肩胛骨（肩带骨）看起来很像艺术品。它通常看起来像一块锋利的肋骨——略微弯曲，通常在两个方向上，扁平一端有关节状的头部。

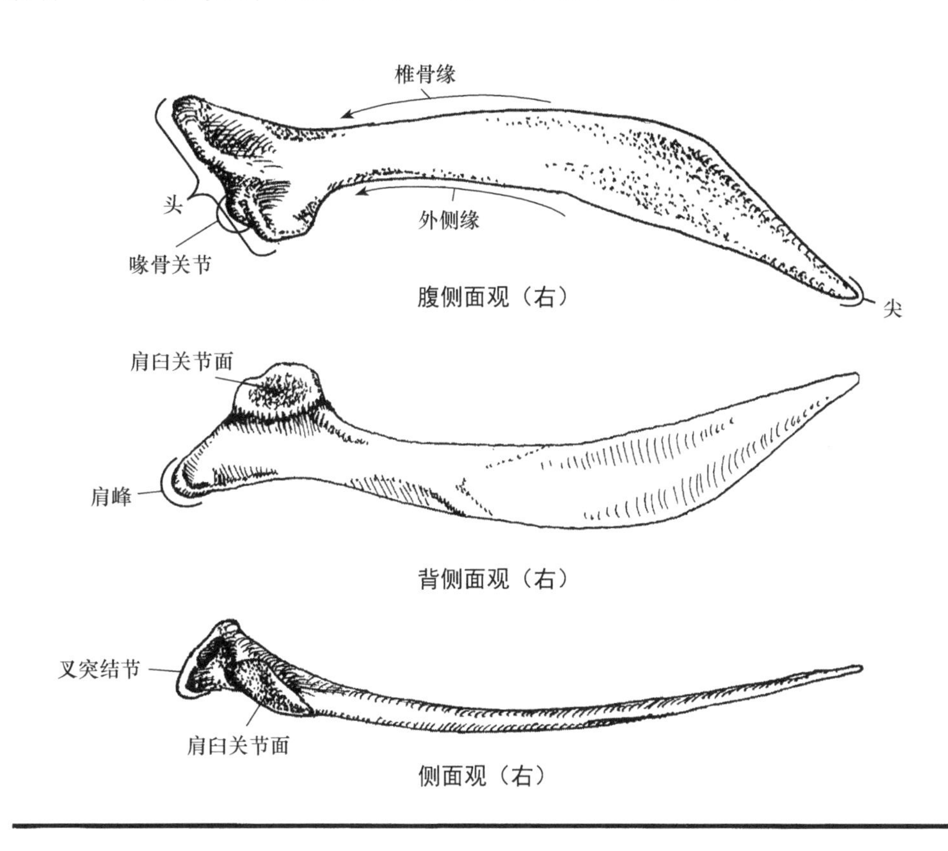

腹侧面观（右）

背侧面观（右）

侧面观（右）

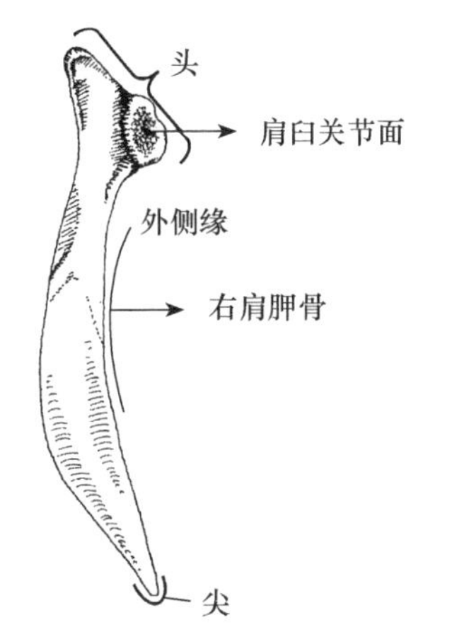

方位辨别

肩胛骨平放，让肩胛骨顶端对着你，头部朝外，凹面朝下，肩臼关节面朝上。在这个位置，凹外侧缘和肩臼关节面在骨头的侧面。

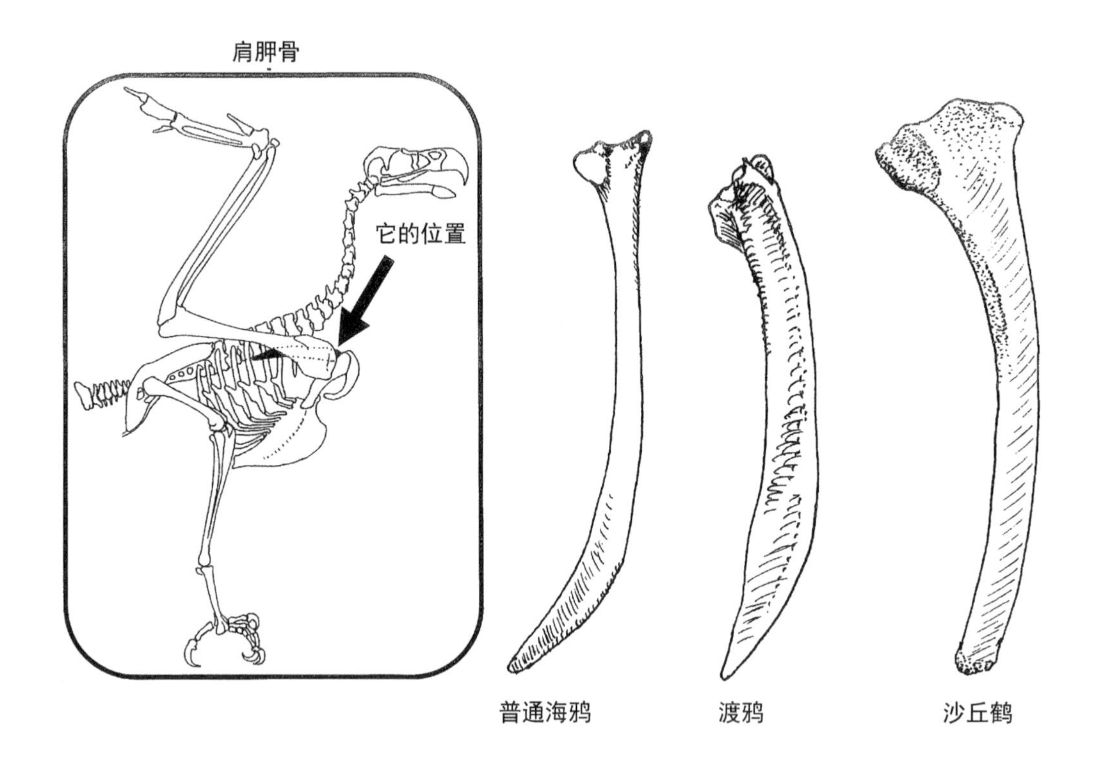

科　普

肩胛骨和喙骨结合在一起形成一个与翅膀肱骨相吻合的窝。肩胛骨和喙突一起形成了一个滑轮，叫作三骨管。这个滑轮改变了胸部肌肉的拉力，使一部分肌肉通过拉动胸骨下方的肱骨来抬起翅膀。

肱　骨

肱骨（不是有趣的骨头）通常是鸟身上最大、最结实的骨头。一端有两个大小不等的圆形结节，面朝一个方向，而另一端则是一个稍微破碎的勺子形状。勺子的末端通常有一个与双把手相对的洞口。骨头通常偏向一边。

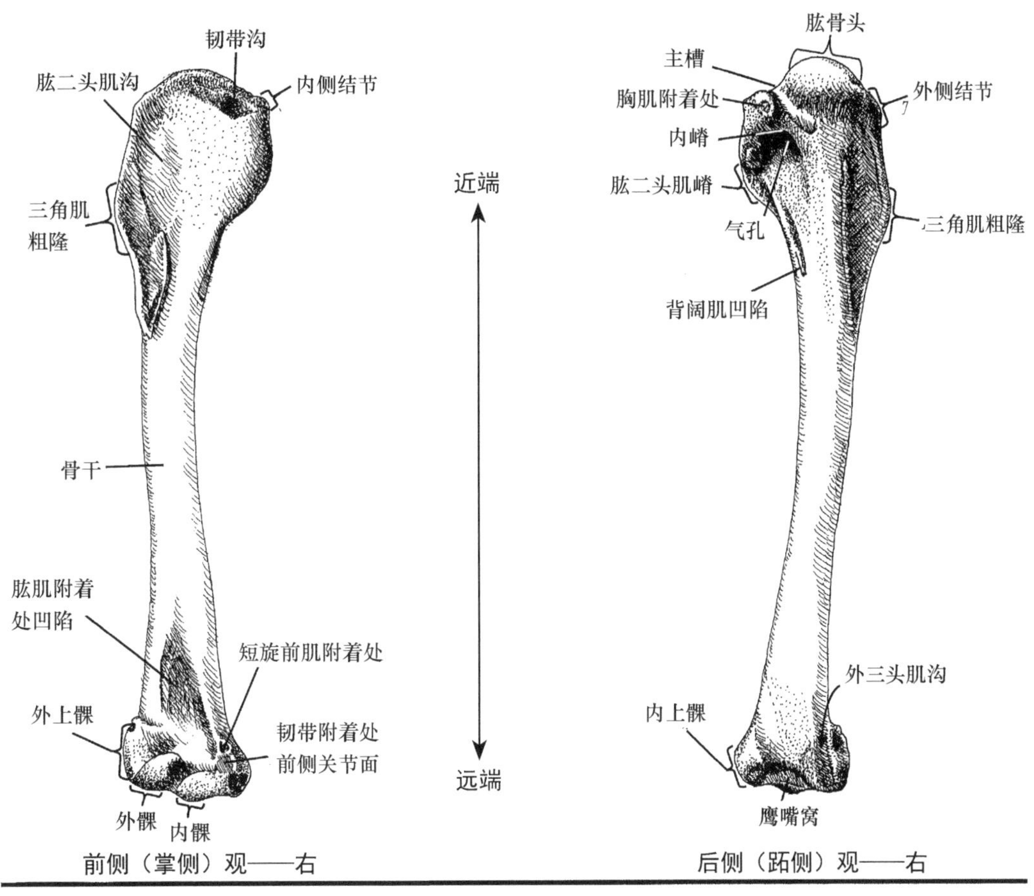

前侧（掌侧）观——右　　后侧（跖侧）观——右

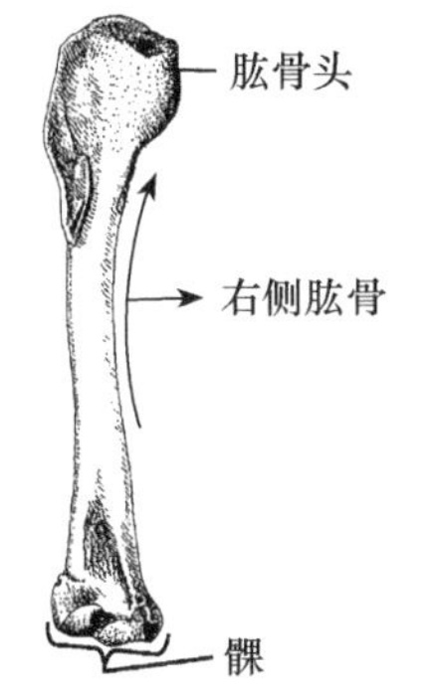

方位辨别

肱骨头朝上（扁平的勺子端）握住骨头，气孔（洞）在远离你的一侧，髁突朝下。在这个位置，肱骨头向骨骼所在的一侧倾斜。气孔（洞）也将在那一边。

肱骨

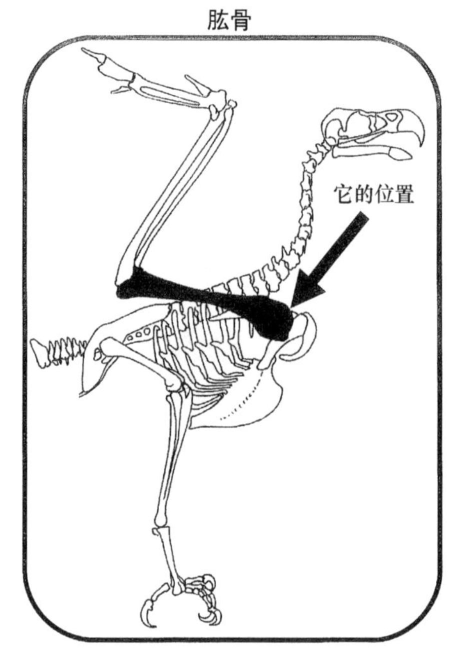

鸟类 VS 哺乳动物

鸟类和哺乳动物的肱骨都有一个光滑的圆轴。哺乳动物肱骨的头部更像是一个没有洞的圆球，而哺乳动物肱骨远端有一个单一的中心滑轮形状，而不是鸟肱骨的两个圆形结节。比较二者骨干的截面，鸟的骨头比哺乳动物的骨头更加中空。

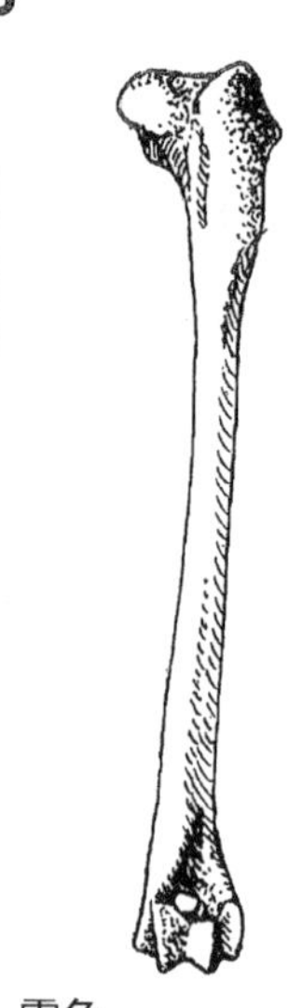

雪兔

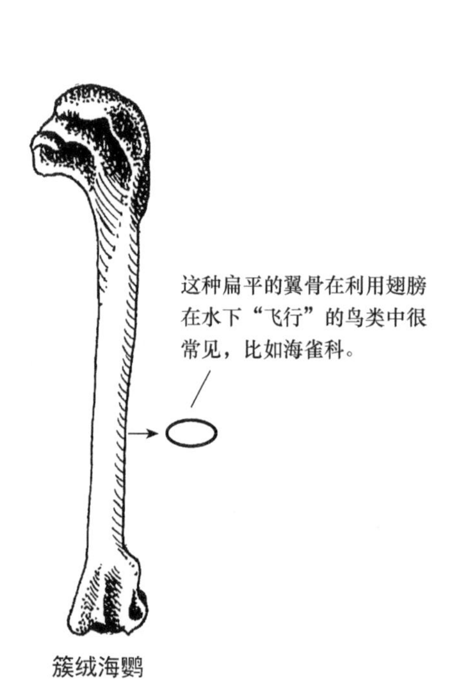

簇绒海鹦

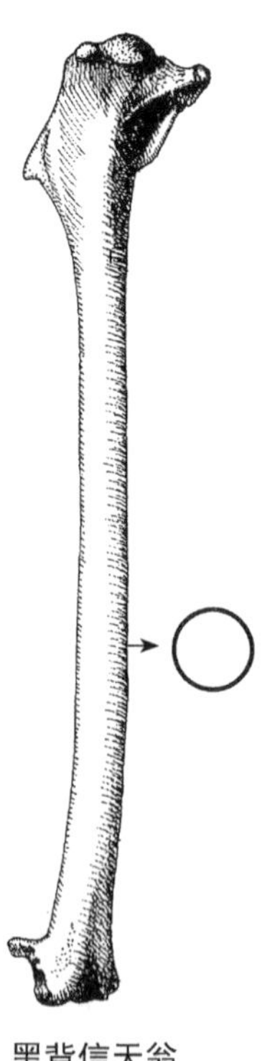

黑背信天翁

渡鸦

尺　骨

尺骨通常是鸟类最长的骨头。它有一排凸起物（羽根结节）沿着轴的一边向下延伸，副翼的羽毛固定在上面。尺骨的一端有点尖，另一端有一个圆形的、锋利的边缘，就像切披萨用的刀。

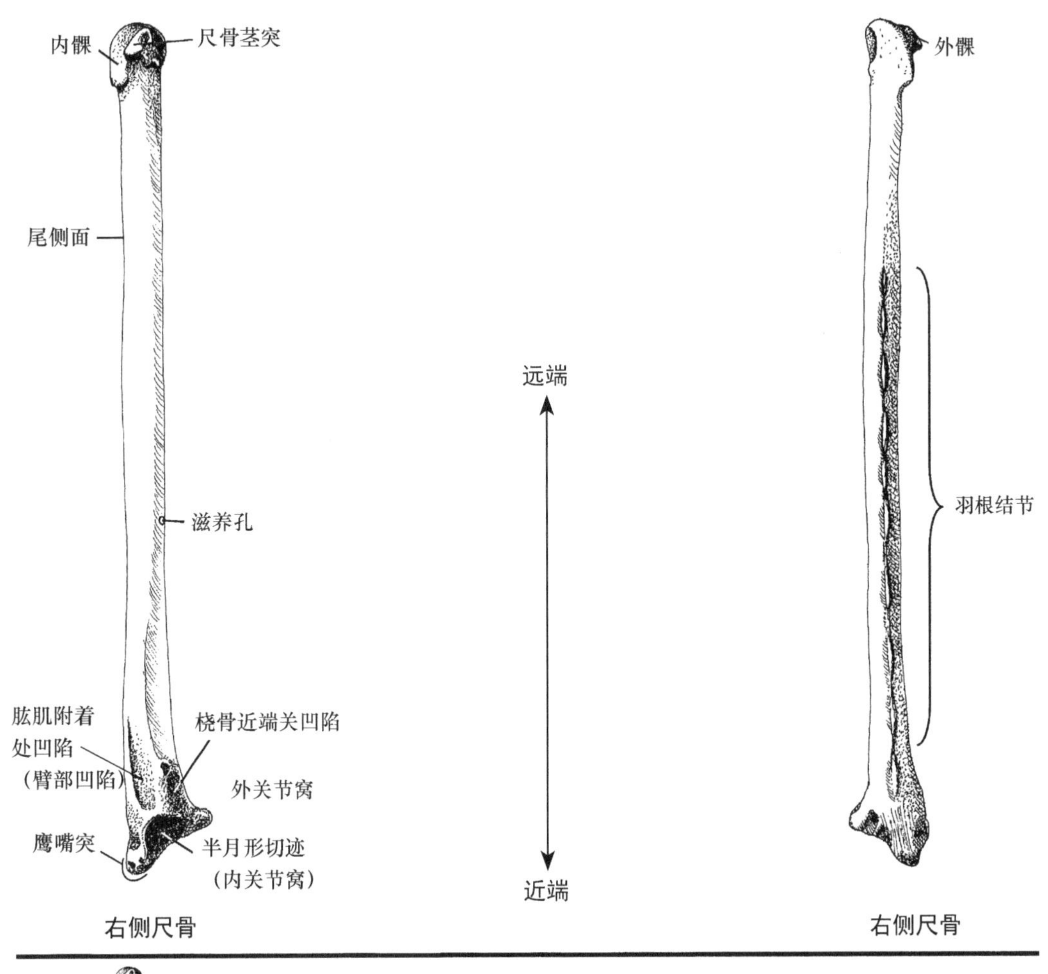

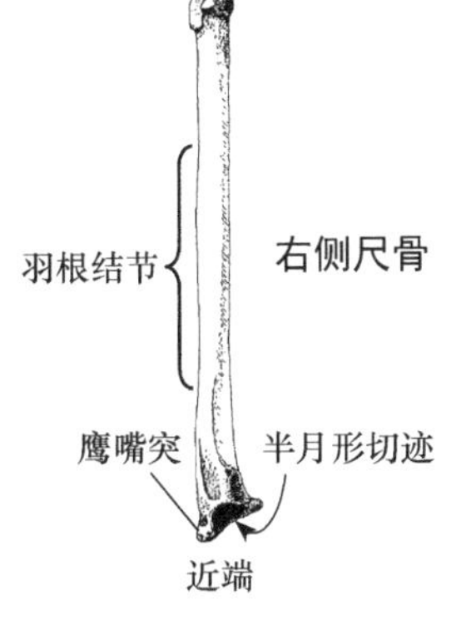

方位辨别

握住尺骨，使尺骨近端朝下，半月形切迹正对着你。在这种位置上，羽根结节和鹰嘴突位于骨骼的另一侧。

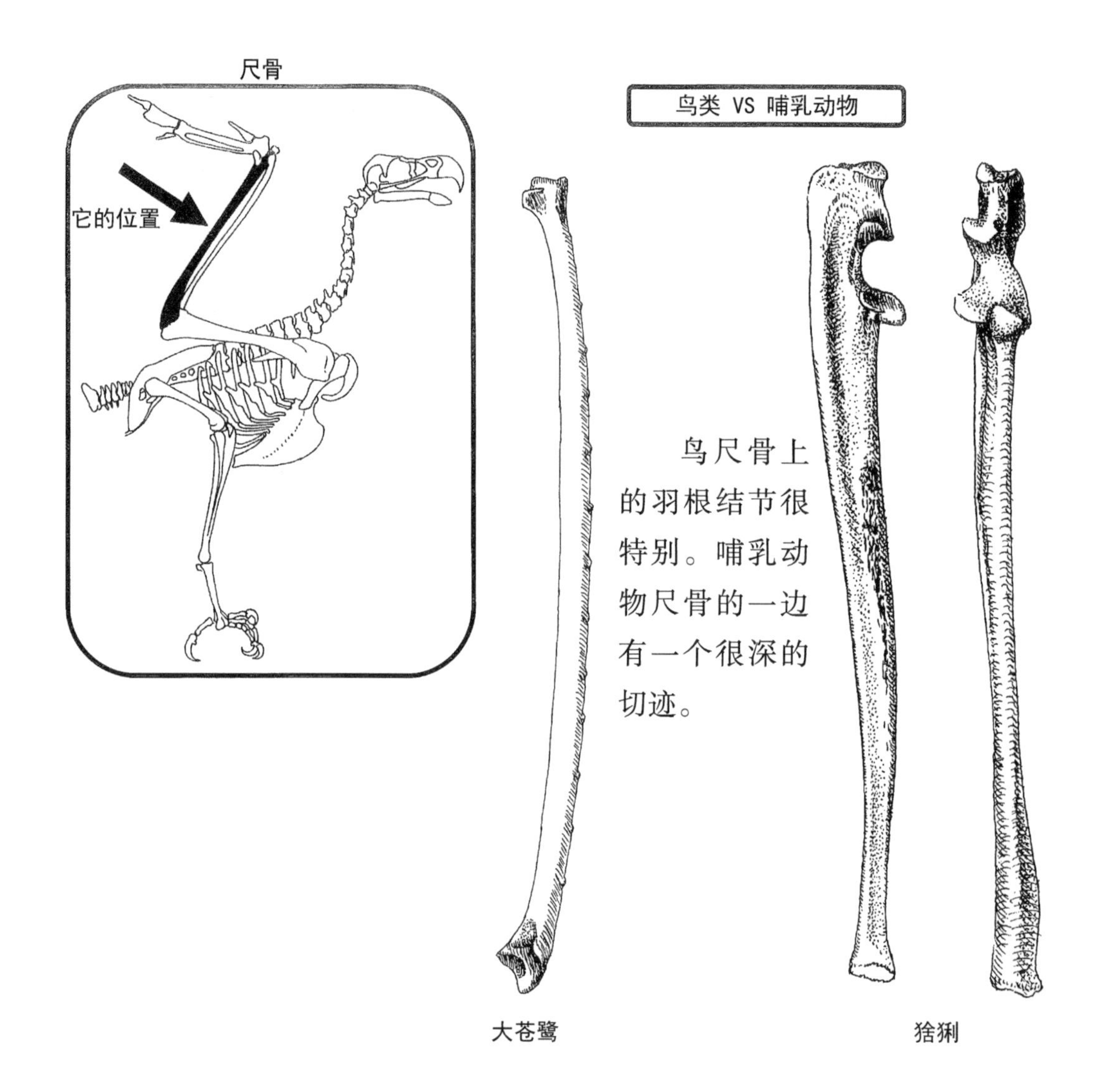

科　普

大型鸟类的肱骨和尺骨是古人最喜欢用的骨头，他们用这些骨头来制作一些东西，比如珠子、小容器和长笛等。

大多数较大的鸟类骨头是中空的，充满了空气，空气通过骨头上的充气孔从肺部进入。骨骼内的储存空间与呼吸系统紧密相连。

桡　　骨

桡骨是一根长而细、略微弯曲的骨，紧挨着尺骨。一端是圆的、有轻微凹陷的关节面，它看起来像一个石膏钉的头。另一端好像被夹住了，它较宽并且有点扁平。

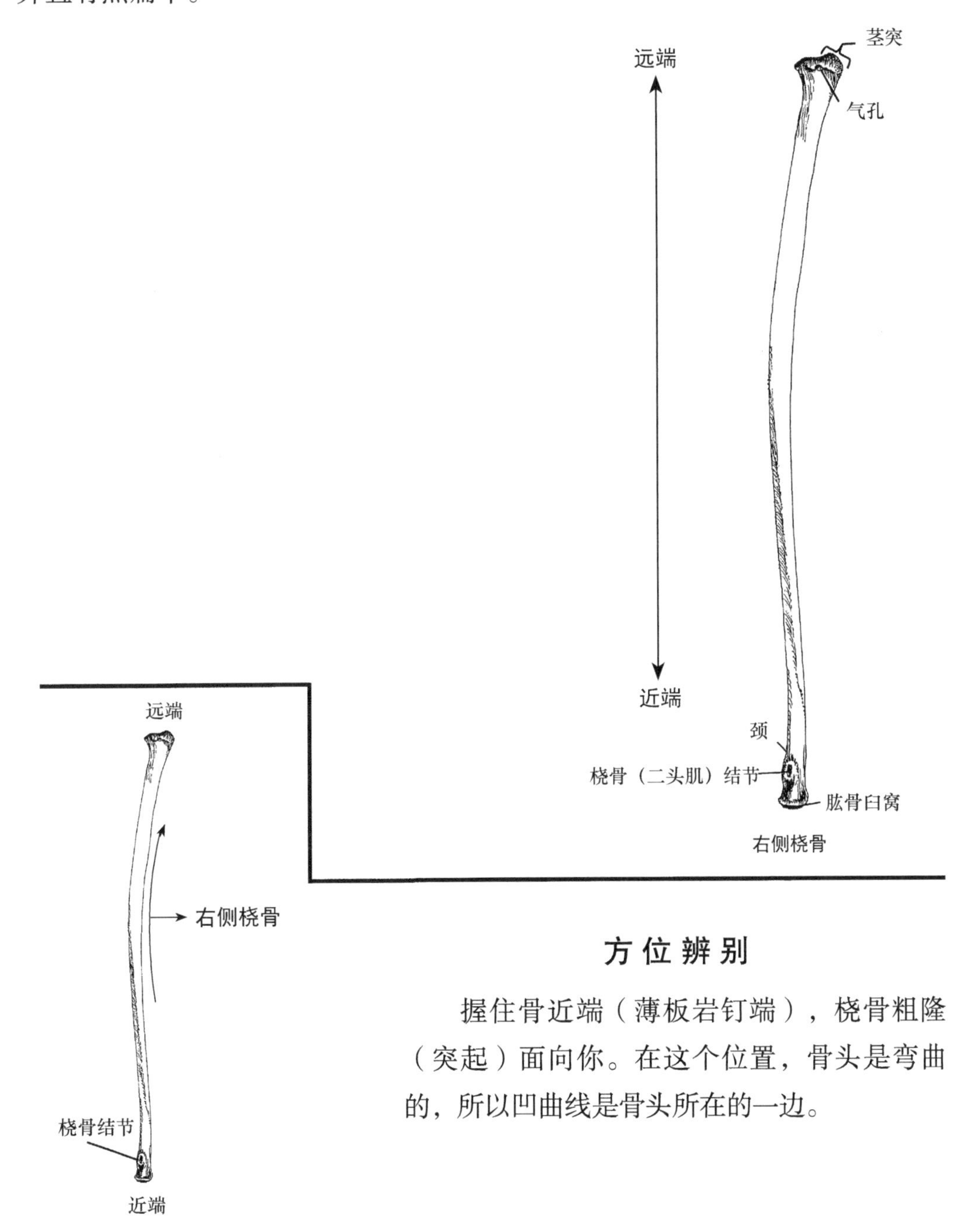

方位辨别

握住骨近端（薄板岩钉端），桡骨粗隆（突起）面向你。在这个位置，骨头是弯曲的，所以凹曲线是骨头所在的一边。

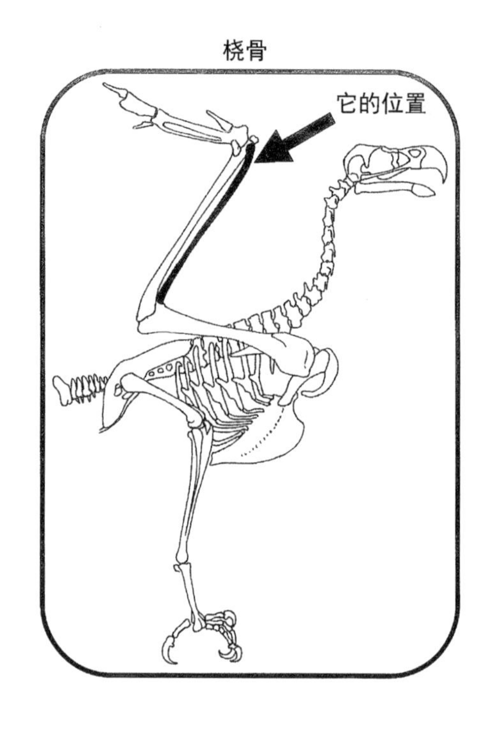

鸟类 VS 哺乳动物

小型哺乳动物的桡骨通常是相当直的。两端的关节面是圆的。鸟的桡骨通常很细，弯曲，一端较平。

大苍鹭

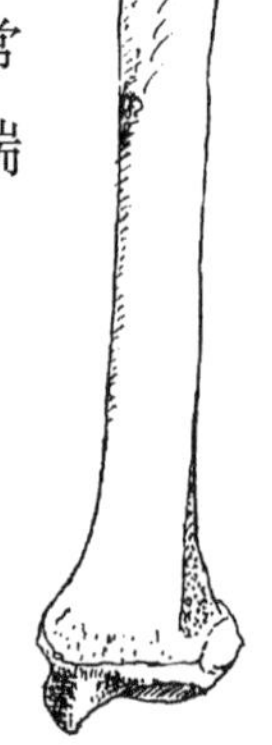

猞猁

科　普

鸟类那些空气填充的薄壁骨头通常由加固的支柱和柱子得到进一步加强，这些支柱和柱子在骨头里面，在不同的方向支撑着它。

腕 掌 骨

腕掌骨是一根形状像小提琴的骨头。它是由一些腕骨和掌骨的融合而成的，形成了动物世界特有的骨骼。它由一根薄骨和一根大骨融合，中间有一个开放的空间。大的近端形状往往像各种卡通人物的脸。这块骨头看起来就像一只正在惊讶地喘气的老鼠。真正的科学家把骨头上下颠倒，忽略明显的面孔。

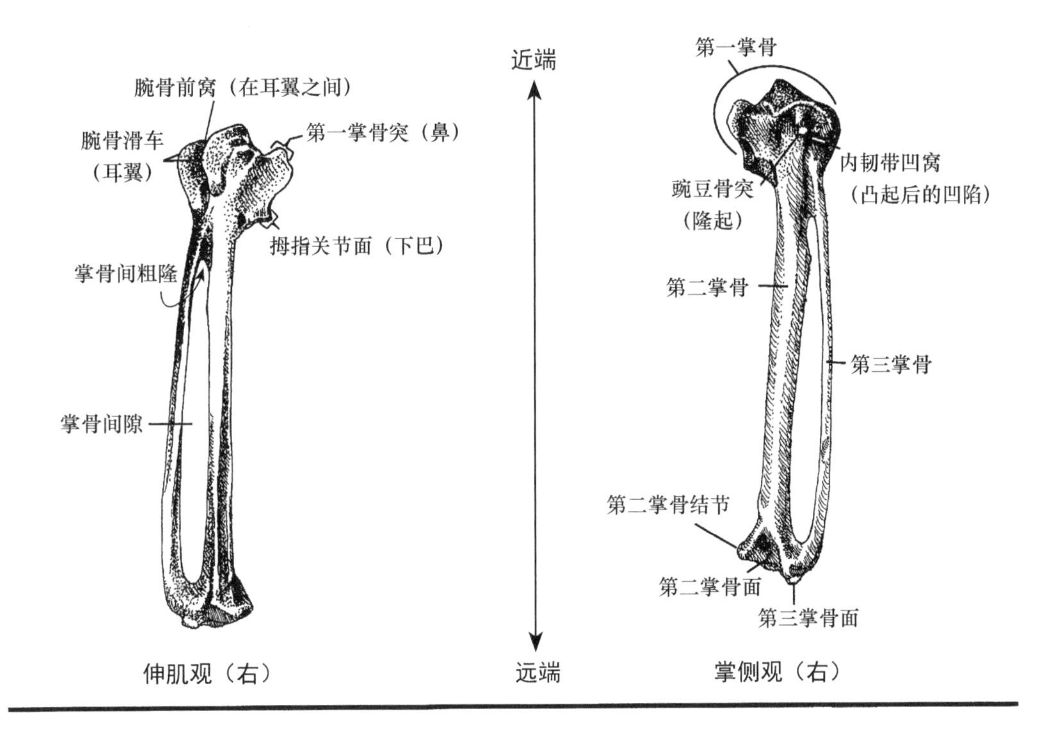

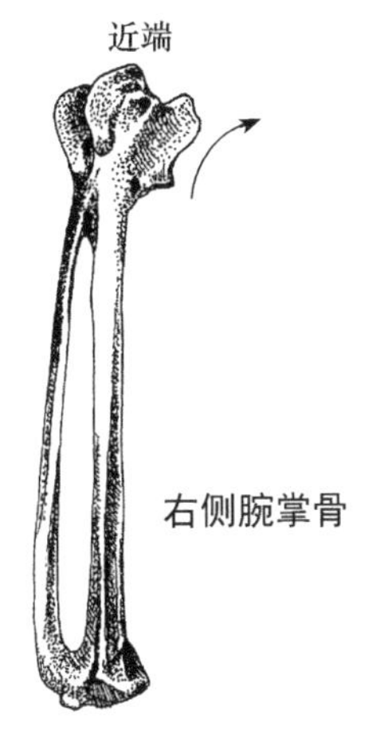

方位辨别

握住近端（面）的骨头，豌豆骨突（突起）在后面远离你的方向。在这个位置上，脸是朝着骨头的方向看的。第三掌骨（薄骨）在另一侧。

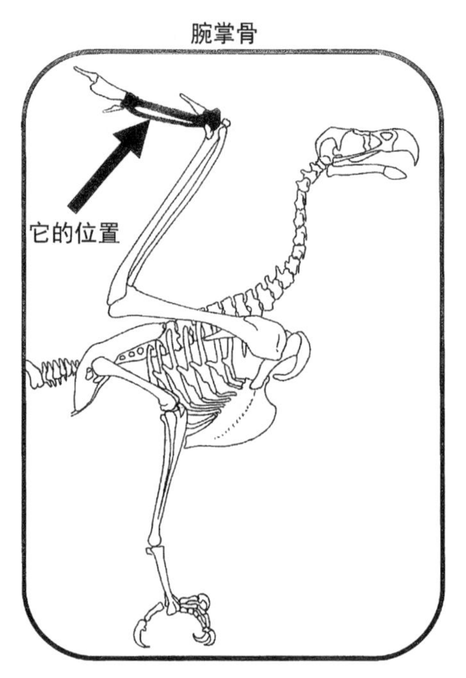

正是这些骨头第一次激发了我对鸟类骨骼学的兴趣。当这些“小人物”从我们工作的考古遗址的垃圾堆中被挖掘出来时，人们怎么能不笑呢？那时候我不知道它们是什么，我根据与它们最相似的卡通人物对它们进行识别和分类，直到后来我为当地博物馆建立参考收藏时，才能够按物种识别它们。

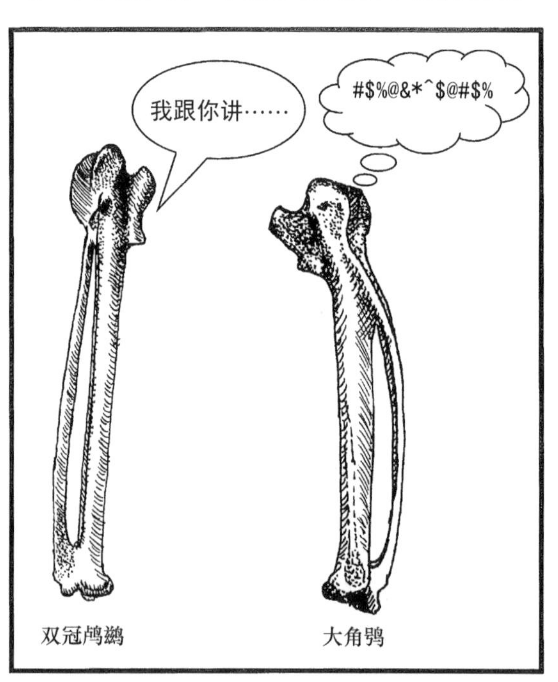

用科学术语描述这些骨骼之间的差异时我真的是一败涂地。例如，对猫头鹰的腕掌骨部分描述是：“腕滑车末端有一个较长较浅的凹陷，深度较深但连续，在第三掌骨的外侧表面有一个凹槽。第三掌骨在近端张开。第三掌骨近端内侧有掌骨间结节。”

相比之下，我的描述更像是：一个面带愁容的家伙，弯腰驼背，小老鼠耳朵，嘴巴微微张开，看起来像是一个因为今天没有带食物回家而被大骂的角色，这个描述适合这只巨角猫头鹰的骨头。鸬鹚的骨头更像是一个直立的角色，耳朵直立，静止在一声叫喊中。更多描述见第95页。

指　骨

第一个指骨是这个扁平的、看起来像肩胛骨一样的骨头。它的一侧有一个坚固的嵴，有一个扁平的叶片从里面伸出来，关节面在两端。

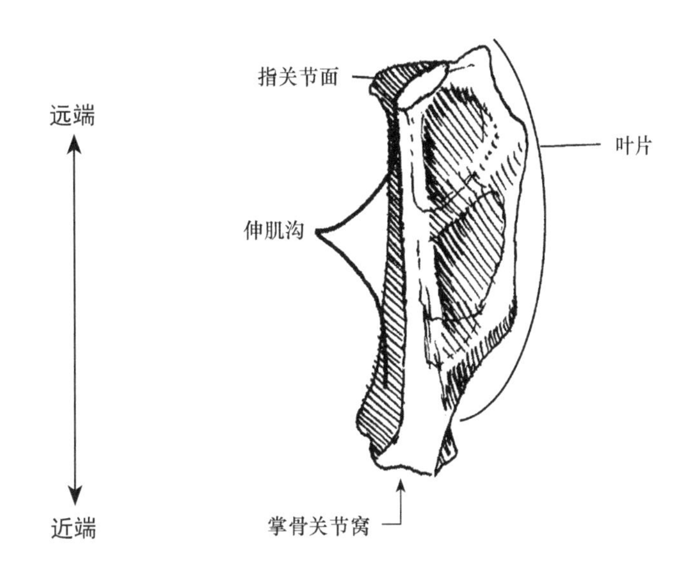

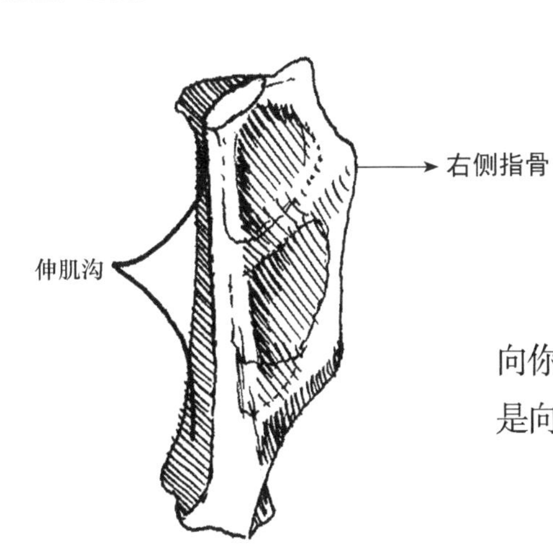

方位辨别

把骨头放下，关节窝（较大的关节端）面向你。指关节面朝外，使凹陷的伸肌槽朝上而不是向下。在此位置，叶片将朝向骨骼的方向。

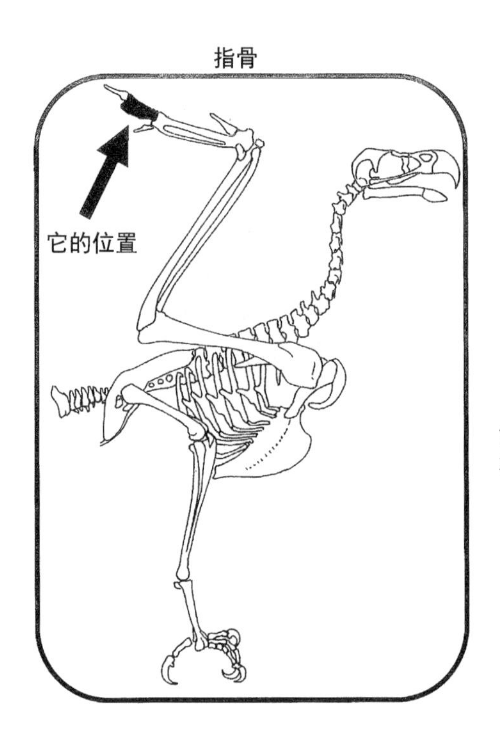

鸟类 VS 哺乳动物

唯一可能与指骨混淆的骨头可能是哺乳动物的肩胛骨。然而，哺乳动物的肩胛骨只有一端有关节突。

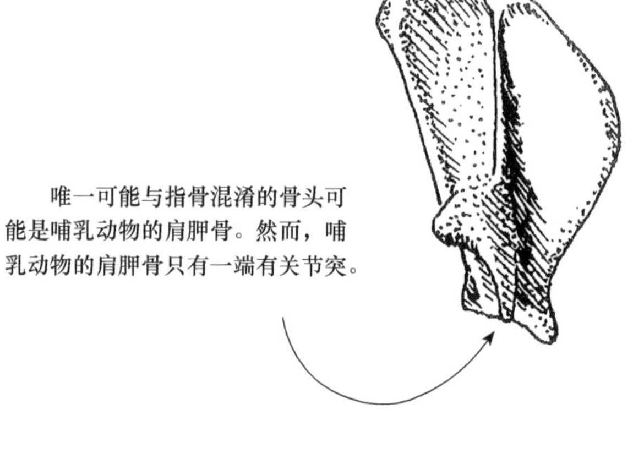

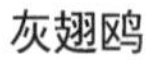

灰翅鸥

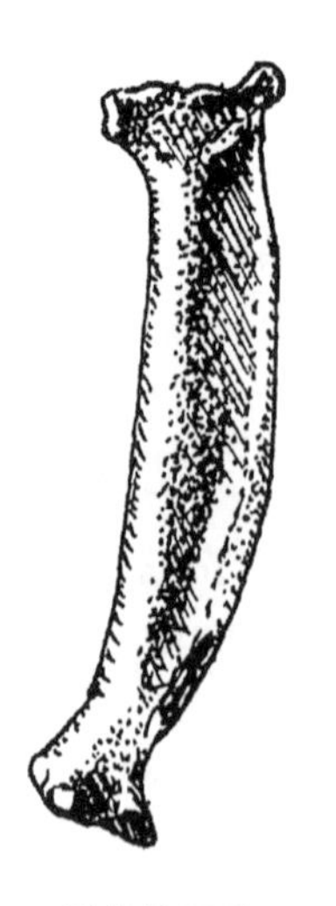

黑背信天翁

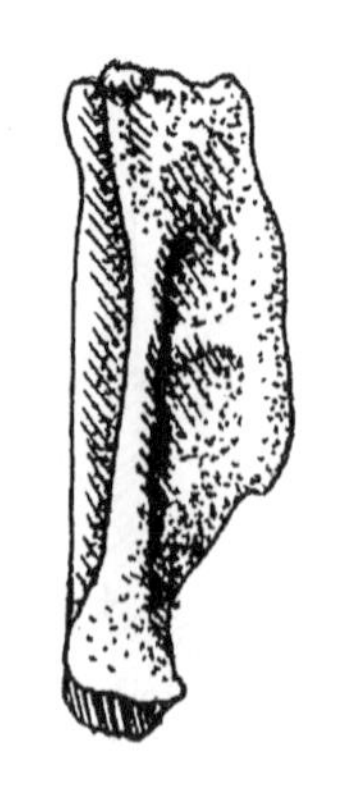

雪鸮

股　骨

鸟的股骨是一种短而粗的圆轴骨。一端有两个圆形的旋钮在下面卷曲，另一端有一个圆形的突起，从股骨头的另一侧伸出。

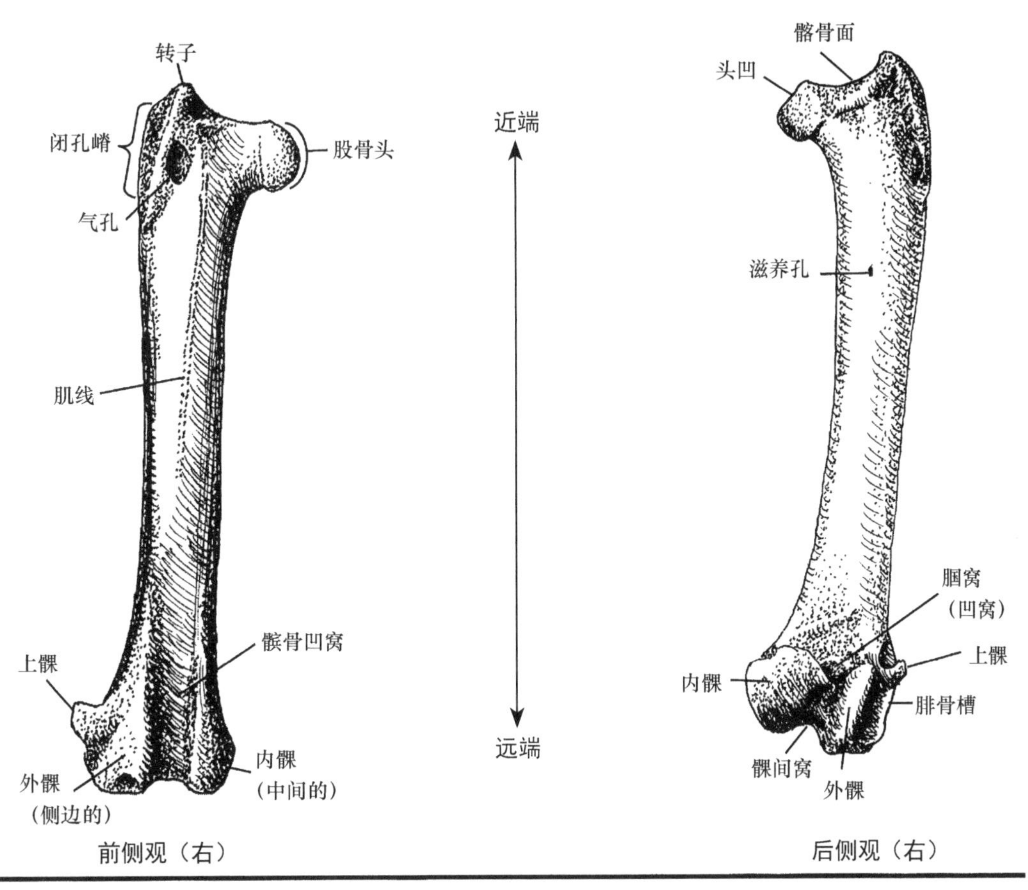

前侧观（右）　　后侧观（右）

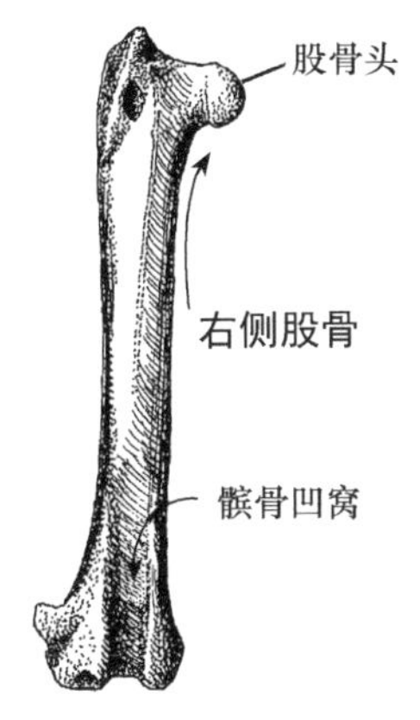

方位辨别

股骨头朝上握住骨头，髌骨凹窝对着你。在这个位置，股骨头指向骨头的方向。

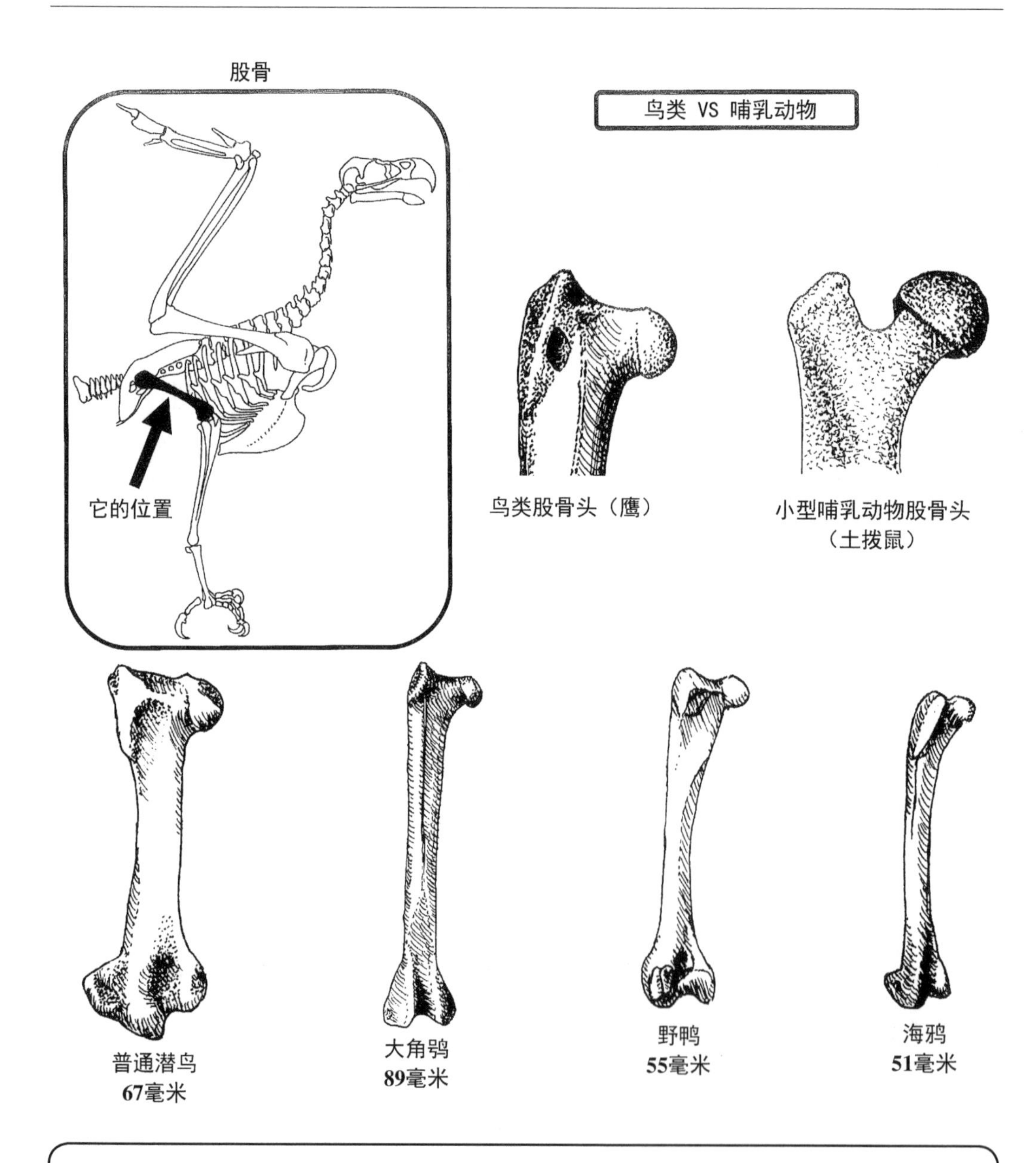

科　普

鸟的股骨很短，即使是长腿鸟。鸸鹋的股骨长 24 厘米（9 ½ 英寸），腿长 106 厘米（42 英寸）。

鸟的股骨头看起来好像从来没有完全长成过。在哺乳动物中，它往往是一个圆球，股骨颈更细，看起来像是被加工成完美的球形。鸟的股骨有一个头部和颈部，看起来更像是一个原型，而不是一个成品模型。

胫跗骨

胫腓骨是中段腿骨，它是胫骨与某些跗骨和腓骨的融合。它是一根长骨，一端有凹槽的尖锐骨，另一端有一对圆形的结节。在这些结节的上方通常有一个坑，骨桥横跨在上面。闭合脚趾的肌腱就像绳索穿过滑轮一样从桥下穿过。当鸟蹲下时，肌腱被拉扯，脚趾闭合。这就是鸟在睡觉时还可以待在栖木上的原因。

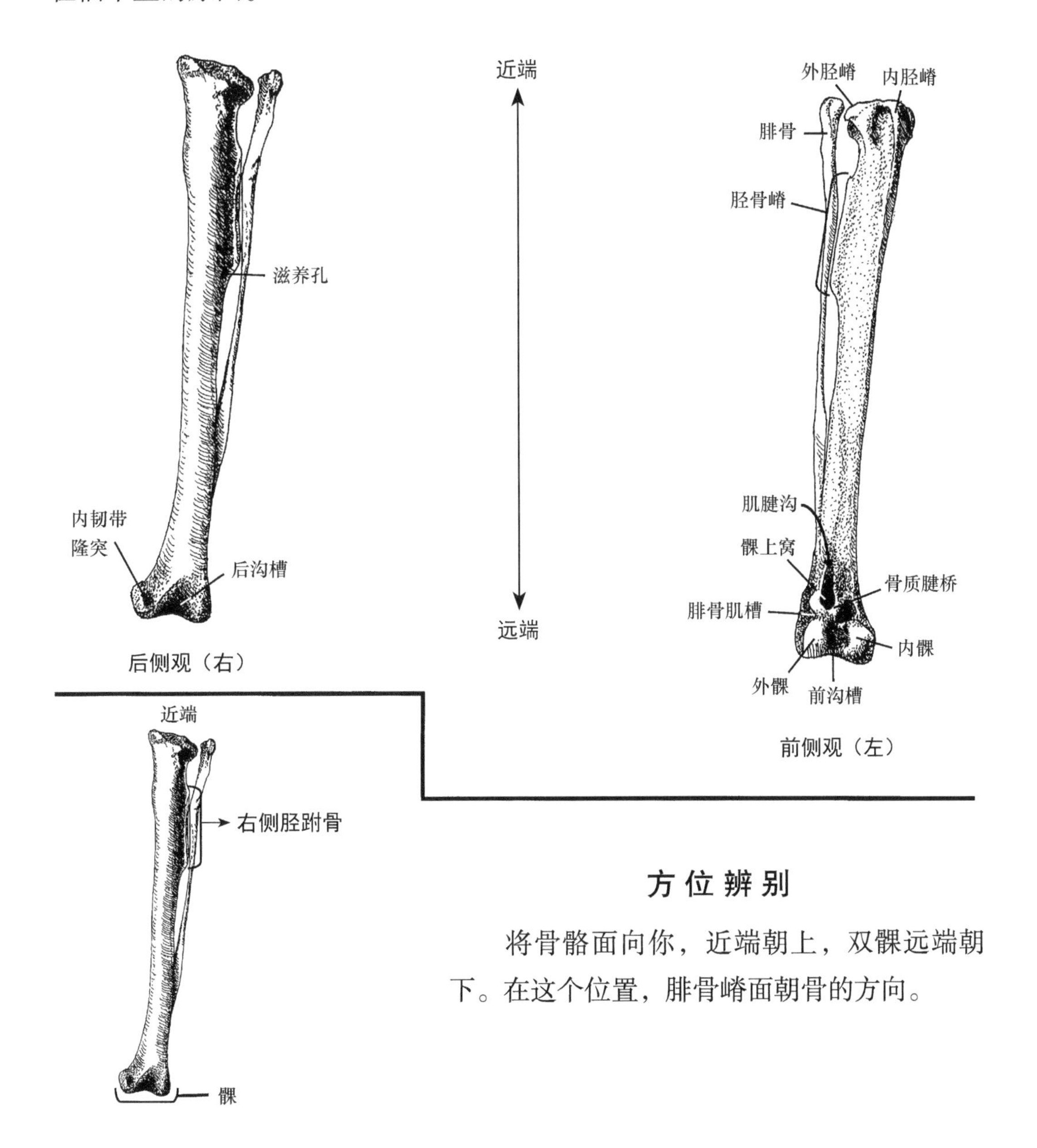

方位辨别

将骨骼面向你，近端朝上，双髁远端朝下。在这个位置，腓骨嵴面朝骨的方向。

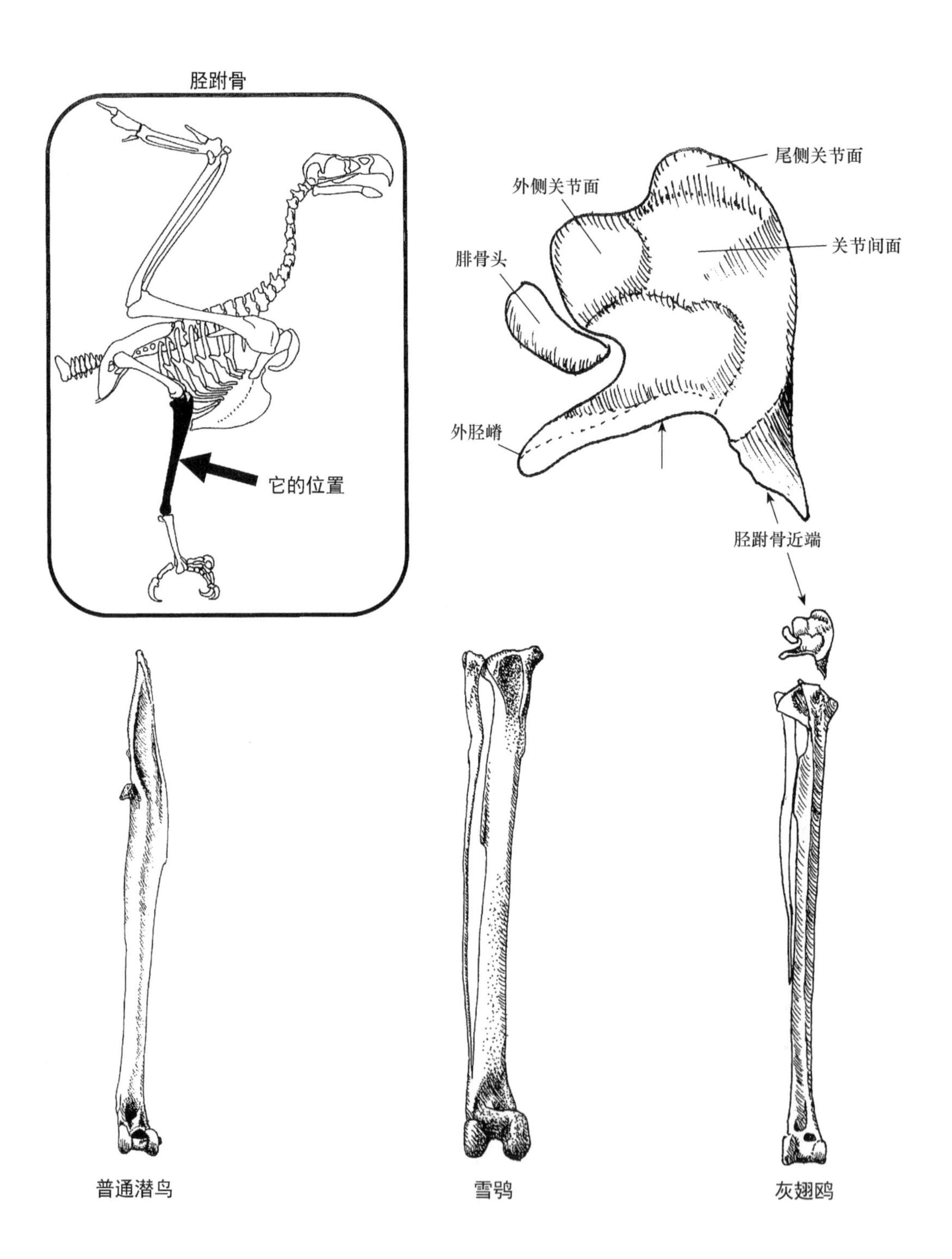
胫跗骨
它的位置
尾侧关节面
外侧关节面
关节间面
腓骨头
外胫嵴
胫跗骨近端
普通潜鸟
雪鸮
灰翅鸥

跗 跖 骨

跗跖骨即小腿骨。它是某些跗骨与大部分跖骨的融合。它的一端通常有三个短的手指状凸起，另一端有两个稍凹的凹陷，表面基本平坦，也称跖骨。

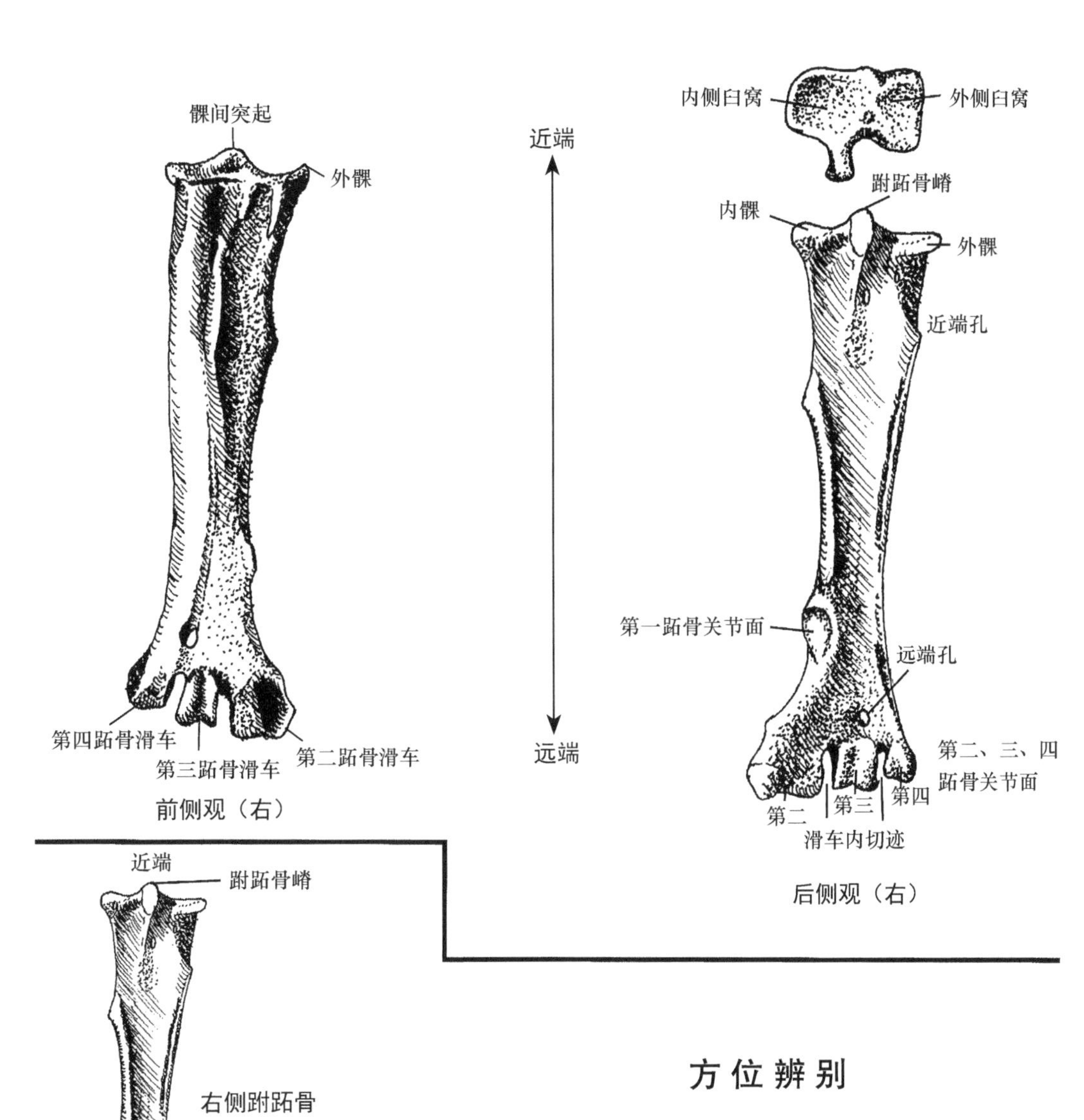

前侧观（右）

后侧观（右）

方位辨别

放下骨头，近端朝下，滑车向下，跗跖骨嵴面向你。在这个位置，远端孔位于骨骼的方向一侧。

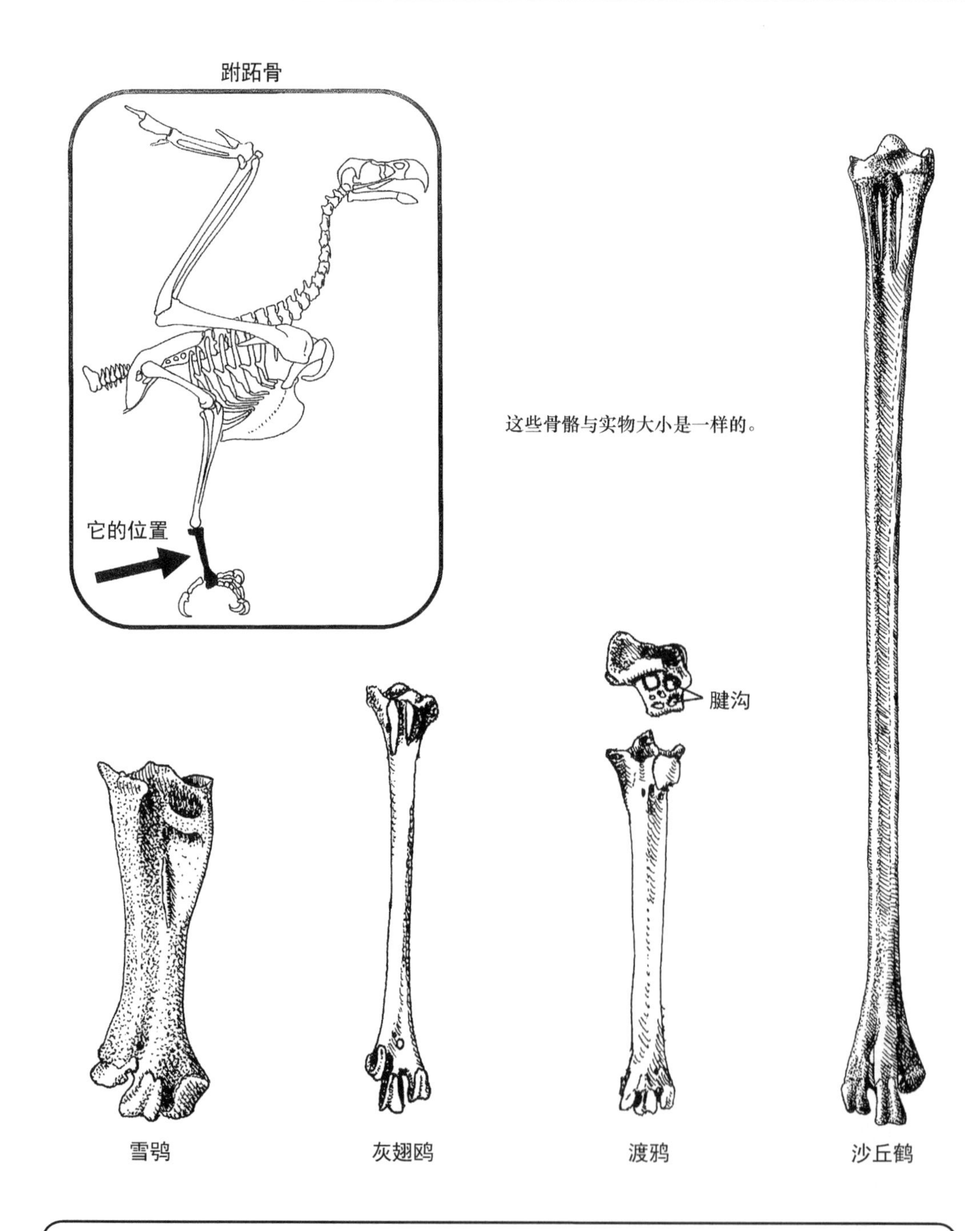

科　普

滑车就像滑轮一样，肌腱通过滑车与脚趾相连。另一端通常是腱管，是肌腱通过的地方，来自下跗骨。

趾 骨

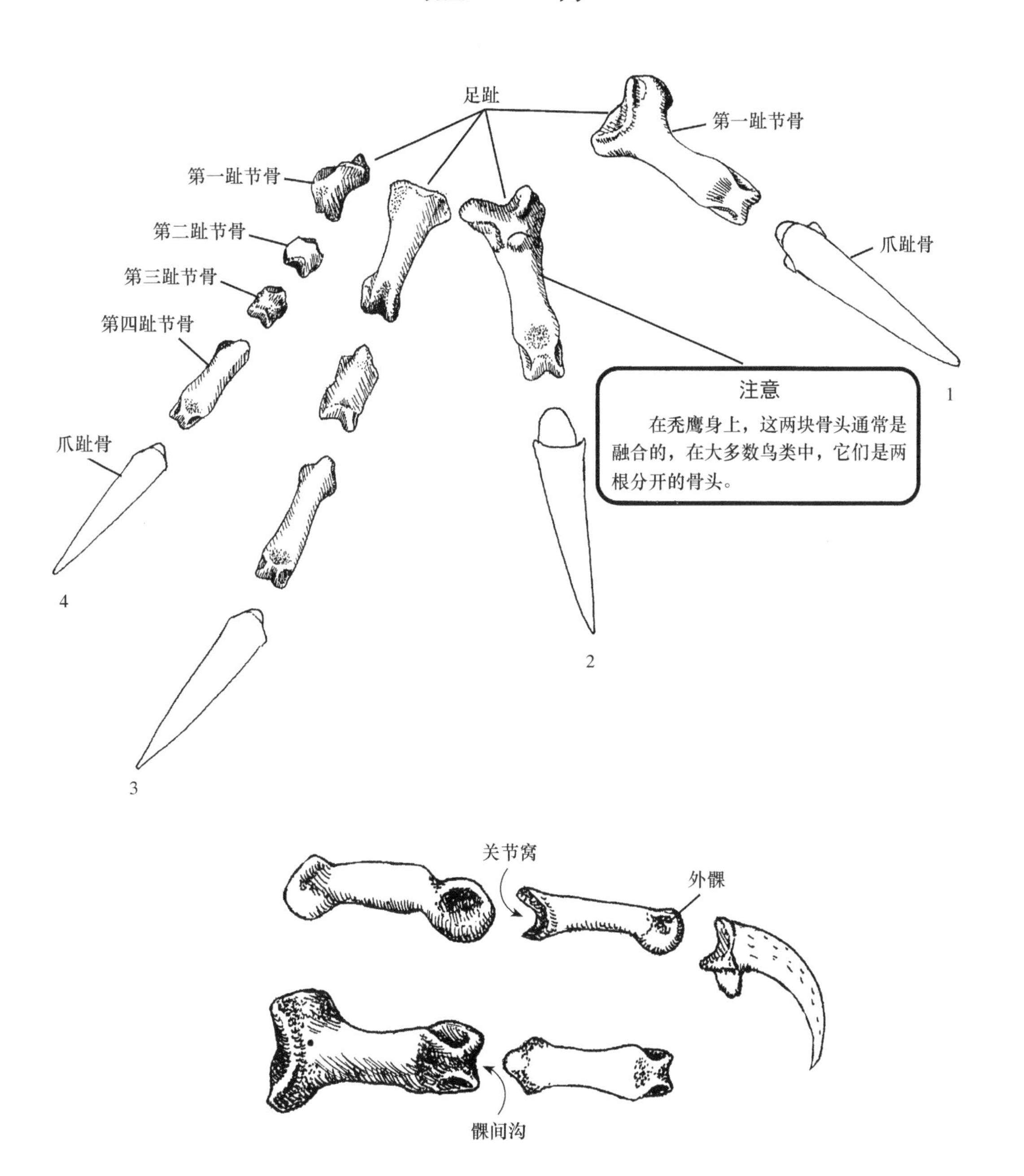
足趾
第一趾节骨
第一趾节骨
第二趾节骨
第三趾节骨
第四趾节骨
爪趾骨
爪趾骨
注意
在秃鹰身上，这两块骨头通常是融合的，在大多数鸟类中，它们是两根分开的骨头。
1
2
3
4
关节窝
外髁
髁间沟

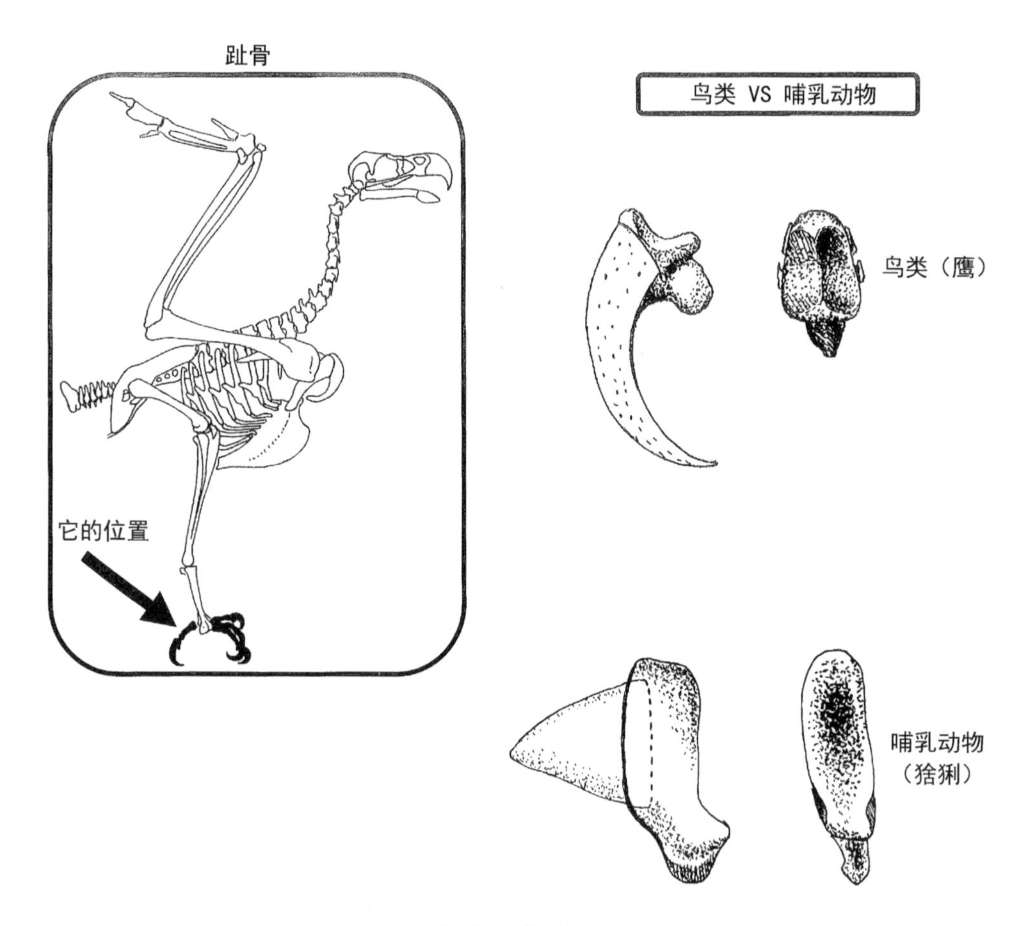

哺乳动物的爪子通常有一个骨鞘，包裹着外部的、非骨质的爪子的基部。鸟类的爪子是扁平的，而哺乳动物的爪子不是。

科　普

几乎所有四趾的鸟类每只趾骨都是1-2-3-4。秃鹰似乎是个例外，它的两个趾骨是融合在一起的。哺乳动物前四趾的趾骨长度公式通常是2-3-3-3。

小部分颅骨

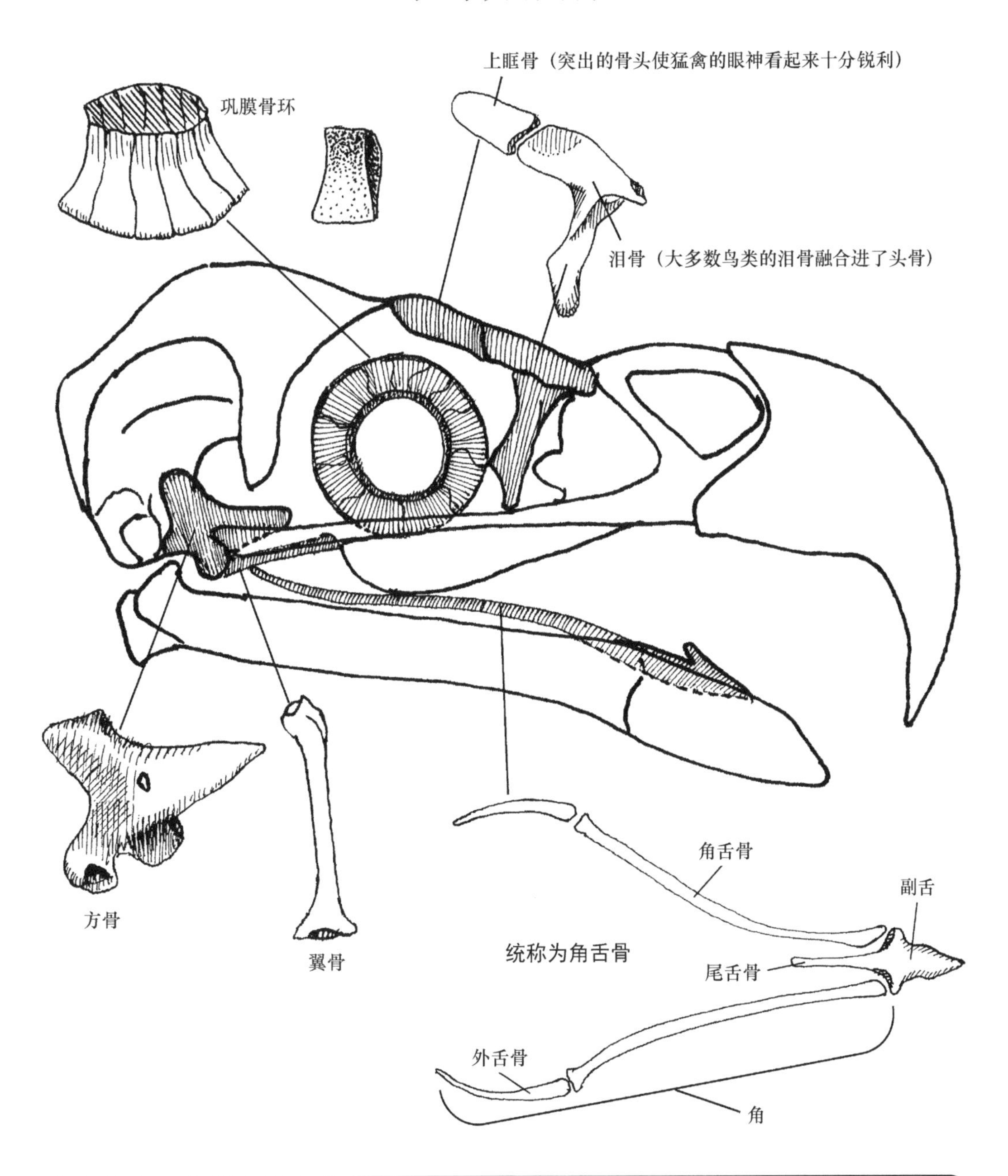

科　普

这只鹰有148个独立的部分，包括26个巩膜骨环。鹈鹕的每只眼睛上有16个眼环。其他鸟类可能更多或更少。

一小部分颅后骨骼

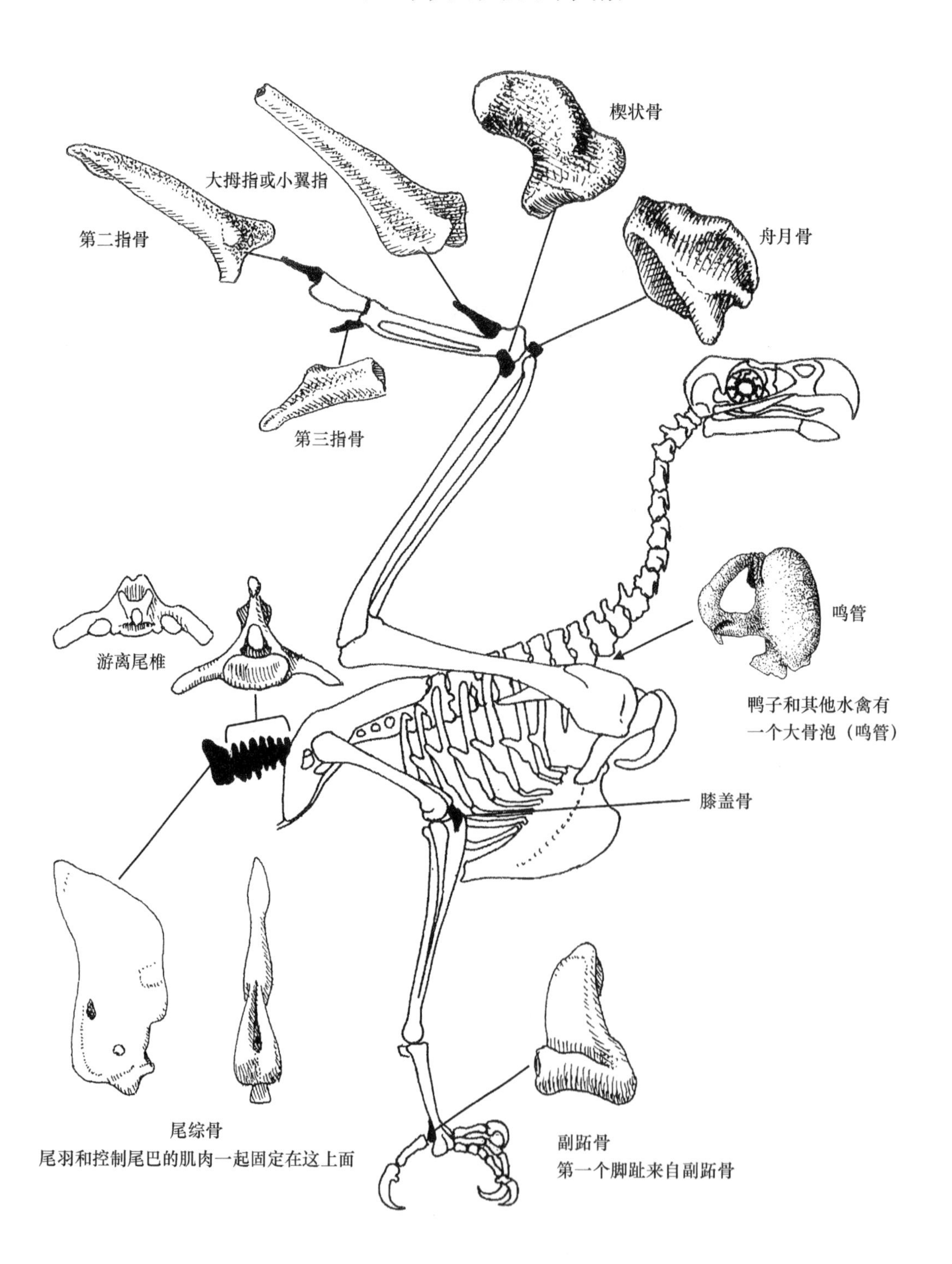
楔状骨
大拇指或小翼指
第二指骨
舟月骨
第三指骨
鸣管
游离尾椎
鸭子和其他水禽有
一个大骨泡（鸣管）
膝盖骨
尾综骨
尾羽和控制尾巴的肌肉一起固定在这上面
副跖骨
第一个脚趾来自副跖骨

鸟类骨骼的方向

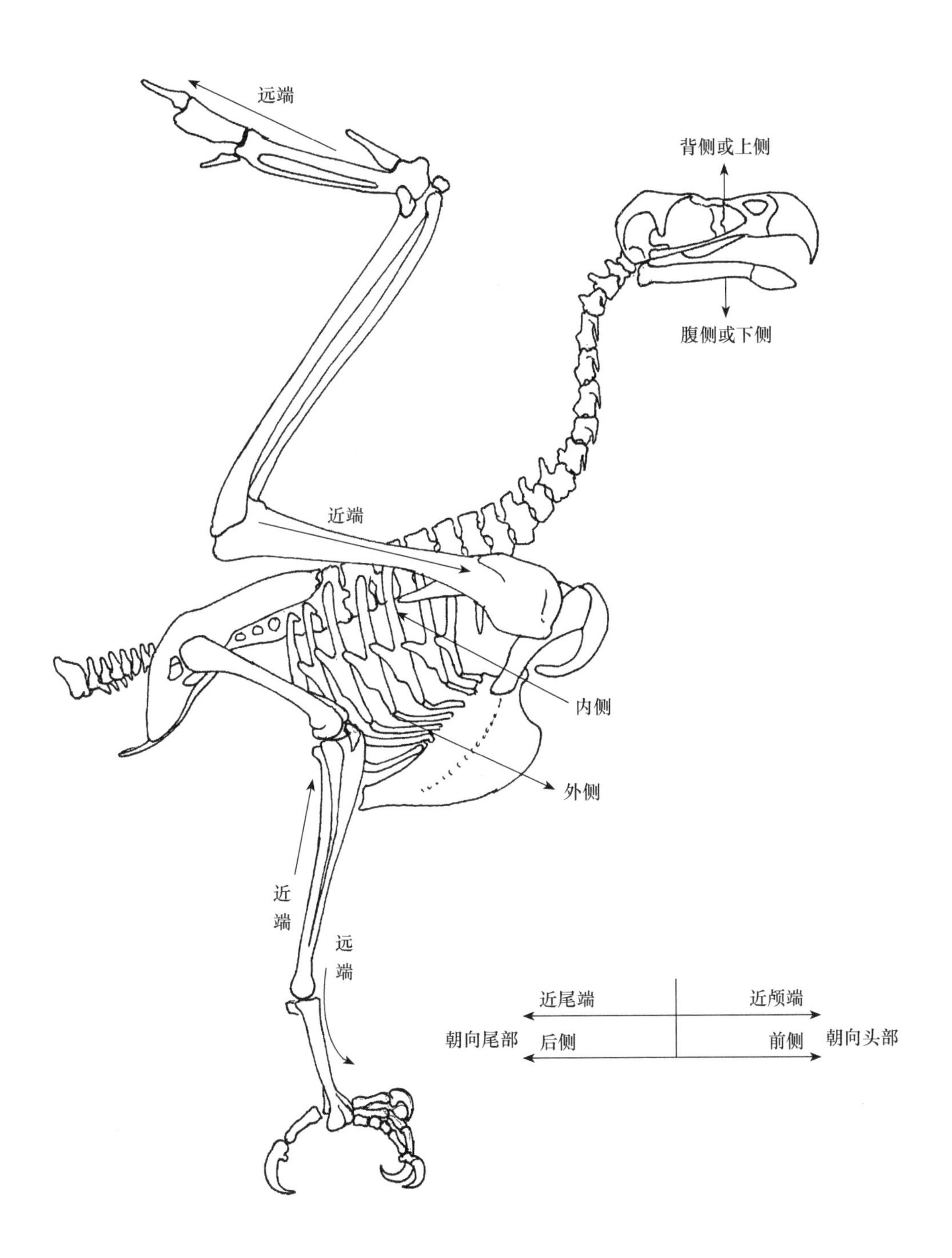

鸟类骨骼图谱

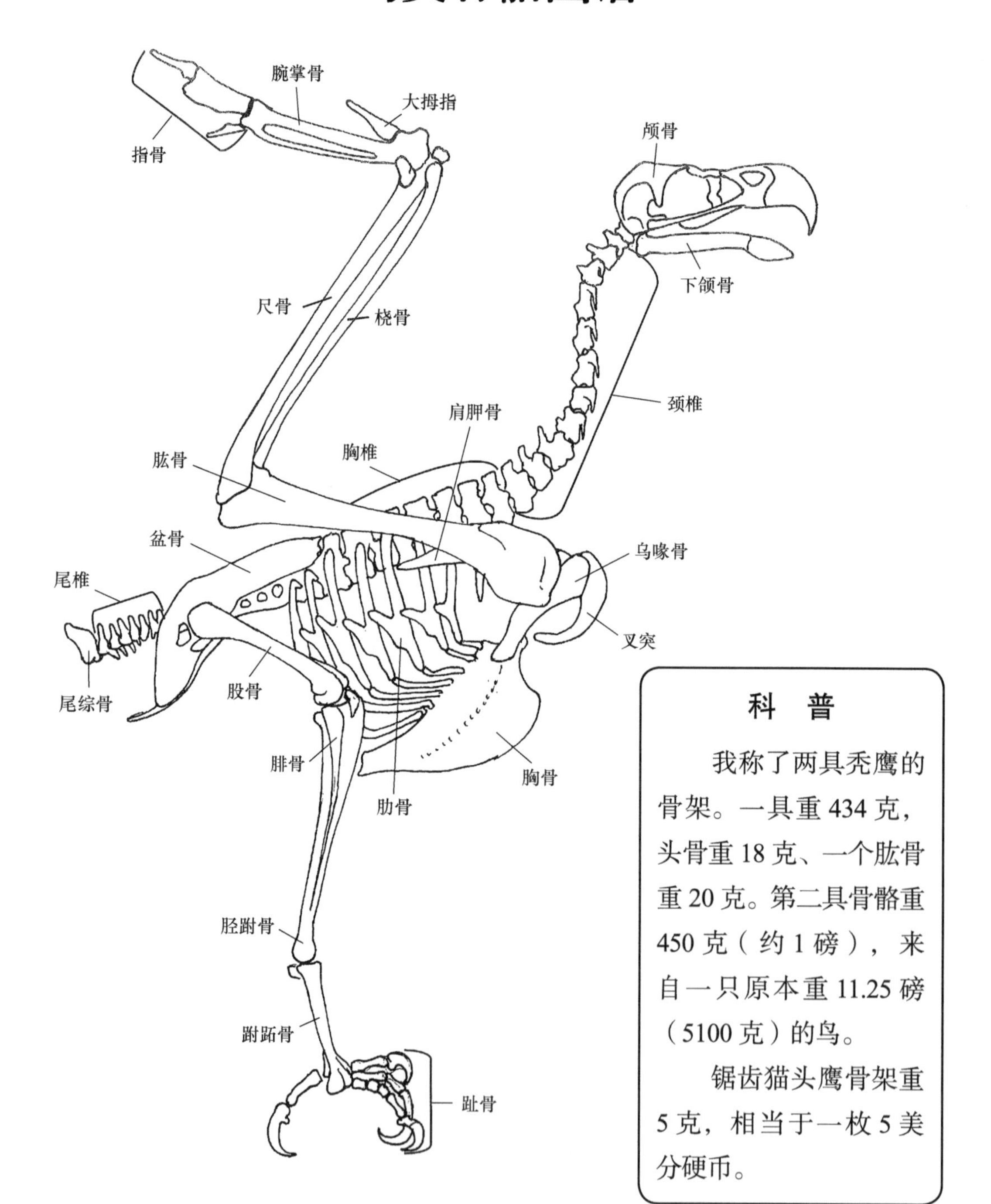

科　普

我称了两具秃鹰的骨架。一具重434克，头骨重18克、一个肱骨重20克。第二具骨骼重450克（约1磅），来自一只原本重11.25磅（5100克）的鸟。

锯齿猫头鹰骨架重5克，相当于一枚5美分硬币。

骨骼术语表（一些骨骼）

脊椎副突——从脊椎骨上脱落的额外的脊椎。

角—— 一块骨头的两面合在一起形成一个可见的角度。

前端——朝向头部。

弓—— 一种弯曲的弓形骨头。

关节——骨头与下一块骨头相连的关节面。

体——脊椎的主要中间部分，和椎体一样。

桥——穿过开口的一段骨头。

尾端——朝向尾部。

椎体——椎骨的主要中间部分，和身体一样。

髁突——骨头末端的圆形凸起，通常与另一根骨头相连。

髁——骨的关节面。

颅侧——朝向头部。

嵴—— 一个很长的隆起区域，特别是在骨头的边缘。

凹窝—— 一个低谷—— 一个较大的不明显的向内部的凹陷。

横突——脊椎侧面凸起的上部。

远端——离身体最远的骨头末端。

背侧——顶部。

内髁——在关节髁内侧的骨头的凸起。

上髁——髁上与另一骨相连的一处，骨的凸出部分。

外髁——关节髁外侧的一种骨凸出。

关节面—— 一块骨头的小而光滑的区域，与另一块骨头相连，如腕骨和踝骨。

沟——骨头上的沟槽或沟。

翼缘——骨的架子，为肌肉附着提供额外的骨表面积。

骨孔——骨中神经、血管或肌肉可以通过的开口。

枕骨大孔——颅骨后部的一个大开口，脊髓从这里离开颅骨。

窝——骨头表面的凹陷或凹陷的区域。

沟——骨头上浅的、宽的、长的凹陷处。

槽——长而窄的沟。

头——骨头的近端。

下突——脊椎下的凸起。

侧向——向外的。

内侧——向内的。

颈部——骨头在头部下方狭窄的区域。

椎管——椎骨上脊髓通过的通道。

神经孔——围绕神经管的椎体的延伸。

切迹——骨头边缘的深深的凹痕。

椎体横突——从脊椎上脱落下来的一对相匹配的棘。

跗亚节—— 一个以上的指或趾骨。指骨的复数形式。

指骨——指或趾骨的任何一块。

肋突——从脊椎一侧脱落的一个额外的脊椎。

后侧——朝向尾巴。

关节后突——从椎体向后伸出的凸起，包含后面下一个椎体的关节突。

关节前突——从椎体向前伸出的凸起，包含前面下一个椎体的关节突。

隆起——骨头上的凸出部分。

突起——骨头的凸出部分（外露）。

近端——最靠近身体的骨头末端。

嵴——骨头上一种细长的凸起，通常是在骨头中间。

隔壁——隔板。

籽骨——通常在跟腱上形成的副骨，与另一块骨相互摩擦。髌骨是一块巨大的籽骨。

背长孔——骨头上的一个小洞、沟、槽、凹陷。

股骨粗隆——股骨颈下的骨质凸起。

滑车——类似于或起滑轮作用的骨头。骨头的光滑关节表面，在该表面上可以与另一块骨头滑动。

结节——骨头上的一个小的圆形球状凸起。

粗隆—— 一个较大的钝的凸出物。

腹侧——底部的或下方的。

备 忘 录

近似换算表

1/64英寸＝0.4毫米	3/32英寸＝2.4毫米	18-标准线＝1.0毫米
1/32英寸＝0.8毫米	7/64英寸＝2.8毫米	16-标准线＝1.3毫米
3/64英寸＝1.2毫米	1/8英寸＝3.2毫米	14-标准线＝1.65毫米
1/16英寸＝1.6毫米	3/16英寸＝4.8毫米	12-标准线＝2.05毫米
5/64英寸＝2毫米	1/4英寸＝6.4毫米	10-标准线＝2.6毫米

参考文献

藏品来自阿拉斯加霍默普拉特自然历史博物馆。

与荷兰瓦赫宁根大学实验动物学馆长WOUTER VAN GESTEL通信。

书籍：

Alexander, R. Mcneill. 1994. *Bones*: *The Unity of Form And Function.* Macmillan. 对骨骼鉴赏的敬意，一本漂亮的画册。

Bologna, Gian Franco. 1975. *World of Birds*. Gallery Books.

Burnie, David. 1988. *Bird*. Eyewitness Books, KNOPF. 就像参观博物馆鸟类学系的藏品。

Gilbert B M, Martin L D, Savage H G. 1981. *Avian Osteology*. Modern Printing Company. 用插图、描述和关键词按物种识别鸟类骨骼的经典指南。

Harvey, Kaiser, Rosenberg. 1968. *Atlas of the Domestic Turkey*. United States Atomic Energy Commission, Division of Biology and Medicine. Washington 1123, Government Printing Office.

Proctor N S, Lynch P J. 1993. *Manual of Ornithology*, *Avian Structure and Function*. New Haven: Yale University Press. 读这本书仿佛是享受珍宝。这是我见过的插图最好、最有趣的鸟类学教科书之一。大部分内容是关于鸟类解剖学的。

Van Grouw, Katrina. 2013. *The Unfeathered Bird*. Princeton University Press. 除了具有令人惊叹的鸟类解剖结构和骨骼插图之外，该文本完全可读，并且同样引人入胜。她在写信给我们，而不仅仅对学术界。

腕掌骨动物角色

我更喜欢的一些“腕掌骨”角色

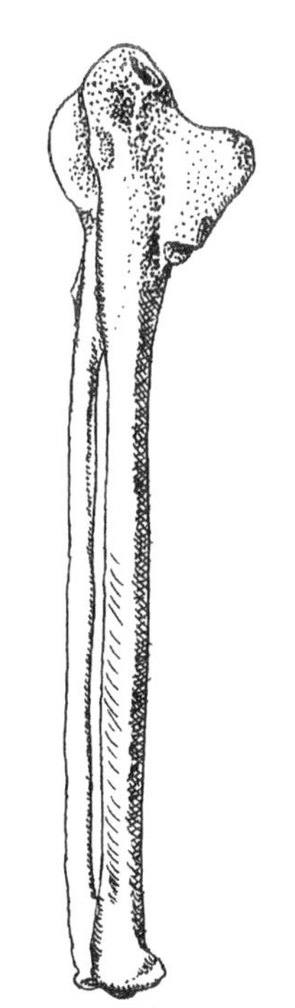

天鹅

一个高大、大脑袋、大鼻子、宁静的人

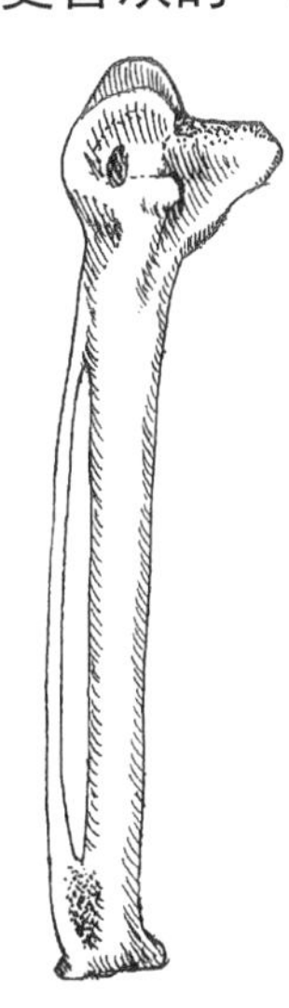

加拿大鹅

让我想起了某位王子

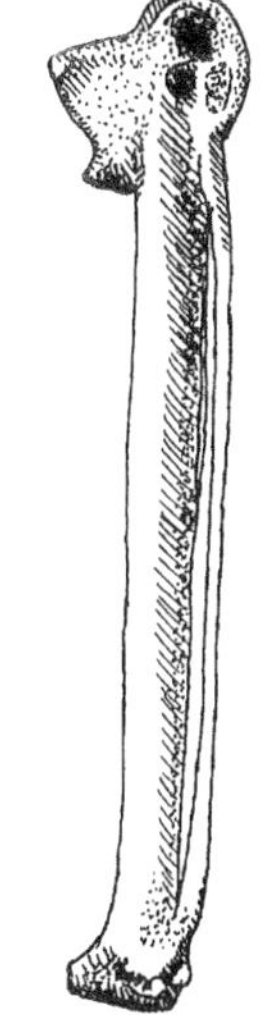

黑背信天翁

圆圆的耳朵和尖尖的鼻子，看起来既震惊又惊讶

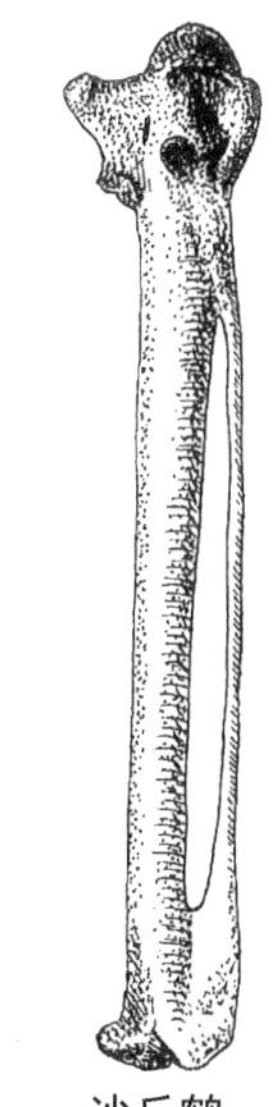

沙丘鹤

一个高大、小头、忧郁的家伙

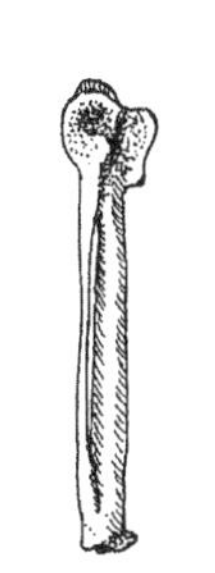

红颈䴙䴘

一个害羞的、长得像老鼠的家伙

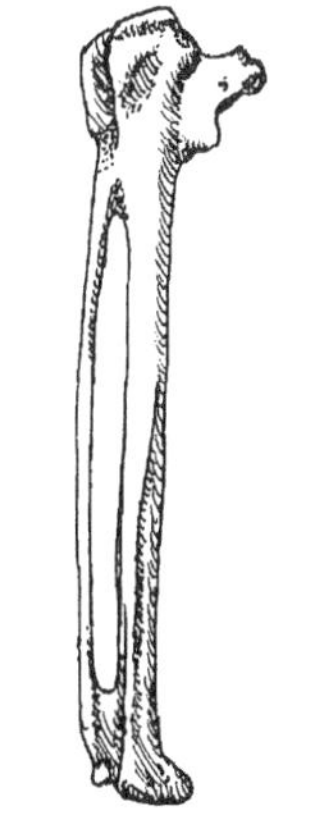

灰翅鸥

有一个长鼻子，上面有个疣，而且是方形的

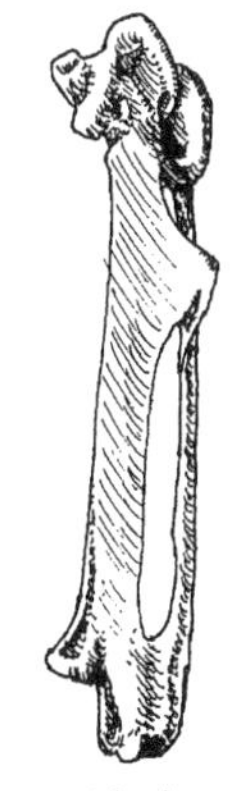

渡鸦

背着背包走在路中间的流浪汉

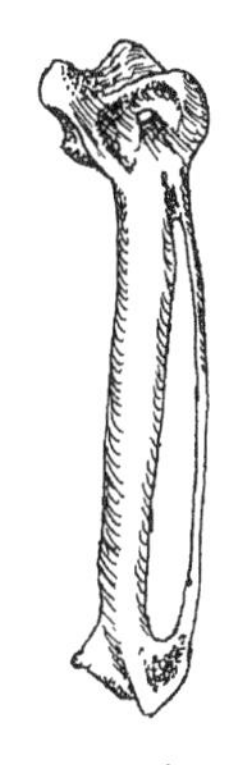

苍鹰

有一种态度——自找麻烦，很适合苍鹰

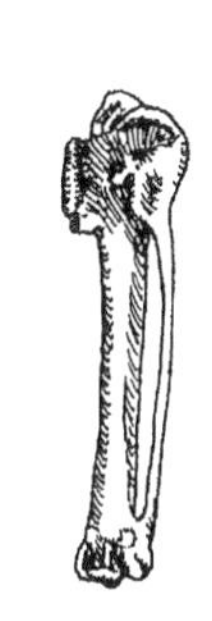

海鸦

老版卡波波鹿卡通里鼻子被打扁的恶棍

鹈鹕骨架

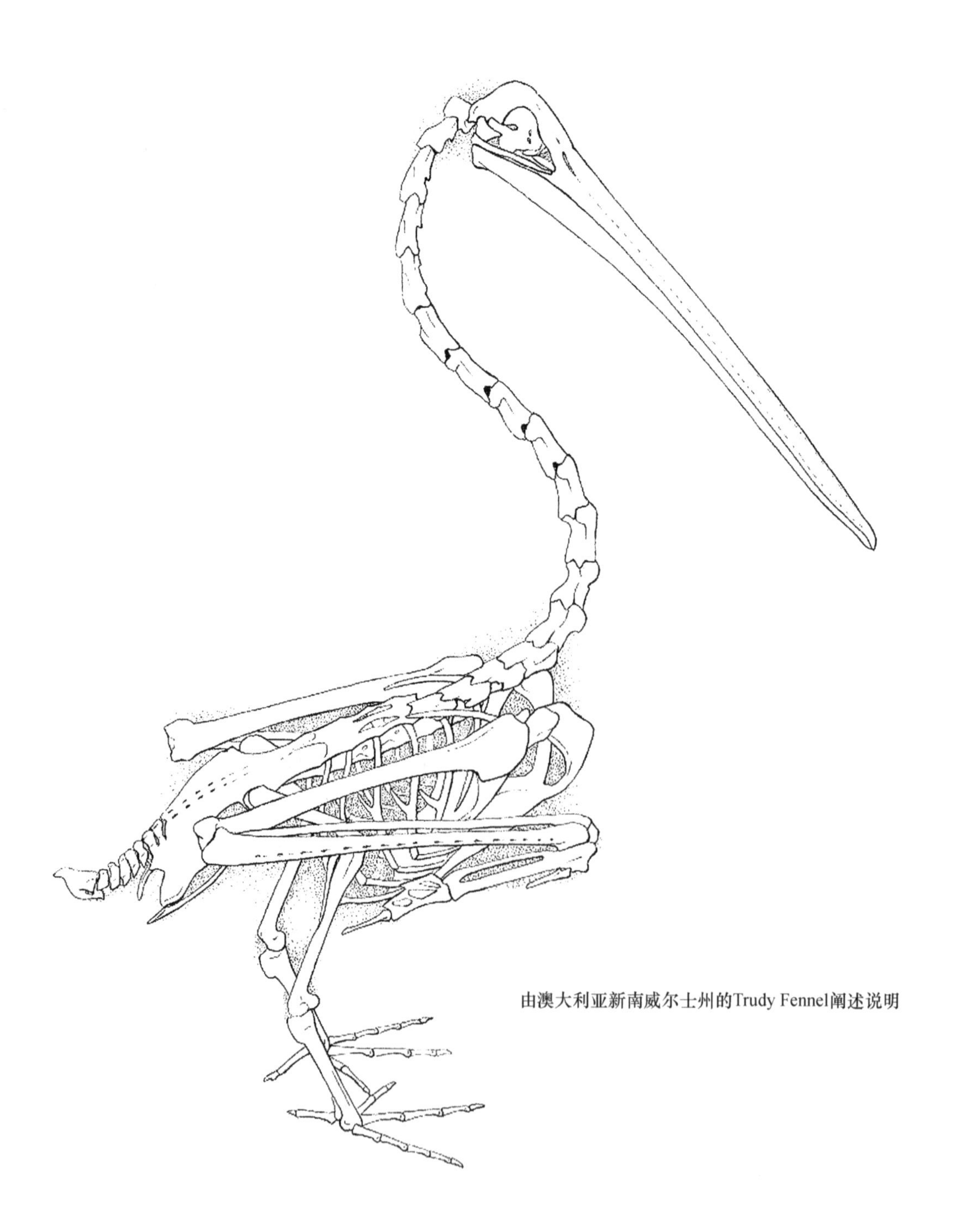

由澳大利亚新南威尔士州的Trudy Fennel阐述说明